La matemática aplicada a la vida cotidiana

Fernando Corbalán

GRAÓ

Biblioteca de Aula | 115

Biblioteca de Aula
Serie Didáctica de las matemáticas

C/ Francesc Tàrrega, 32-34. 08027 Barcelona
www.grao.com

1.ª edición: septiembre 1995
2.ª edición: abril 1997
3.ª edición: noviembre 1997
4.ª edición: julio 1998
5.ª edición: marzo 2002
6.ª edición: marzo 2003
7.ª edición: diciembre 2005
8.ª edición: noviembre 2006
9.ª edición: abril 2007

ISBN: 978-84-7827-162-7
D.L.: B-20922-2007

Diseño de cubierta: Xavier Aguiló
Impresión: Publidisa
Impreso en España

ÍNDICE

NOTA A LA PRESENTE EDICIÓN

Desde la primera edición de este libro, en 1995, han pasado algunos años. No obstante, creemos que su contenido sigue siendo válido; así nos lo demuestra el hecho de que se continúe solicitando. Por lo tanto, nos vemos en la agradable obligación de seguir haciendo nuevas ediciones.

En este período de tiempo ha cambiado la unidad monetaria en nuestro país (de las particulares pesetas hemos pasado a los comunitarios euros); algunas de las cantidades de dinero que aparecen en el libro han quedado un poco «antiguas». Por eso, cuando era indiferente una cantidad u otra hemos cambiado a euros. Pero en unos pocos casos se referían situaciones que habían sucedido o hechos donde la presencia de las pesetas era relevante (véanse las páginas 51 y 61-64), aquí hemos dejado las pesetas. Para las reflexiones o comentarios que se desprenden de ellas, si se considera que es mejor convertirlas en euros, no es difícil adaptarlas; de esta manera, lo pueden hacer el lector y la lectora a su gusto.

No quiero concluir sin agradecer a todos los lectores actuales y pasados la satisfacción que me produce haber contribuido a hacer visible la relación entre las matemáticas y la vida diaria.

Fernando Corbalán

INTRODUCCIÓN

Una formulación simplista afirma que la realidad es una y que todos la vemos de la misma forma. Sin embargo, la experiencia nos muestra que ante la misma realidad cada uno ve lo que quiere ver, lo que le interesa, lo que le atrae, pero también lo que está entrenado para percibir. Además, cuanto más entrenados estemos, más matices de un determinado aspecto llegaremos a distinguir, mientras que si, por el contrario, nos dejamos llevar, llega un momento en que nos atrofiamos totalmente.

Como resultado de la educación matemática, en nuestra sociedad ha pasado algo de esto último: como la mayoría de los aspectos matemáticos que se tratan circunscriben su importancia y su aplicación al universo escolar, y es el único aspecto que se entrena, no nos acostumbramos a observar la realidad con ojos matemáticos y acabamos por no ver ninguno de estos aspectos, y a suponer por tanto que no existen. Desde hace algún tiempo se está en el buen camino para cambiar la situación, pero aún queda un buen trecho por recorrer.

Y eso que hay un consenso social sobre la importancia y la necesidad de las matemáticas en la vida. Incluso se podría decir que están supervaloradas, y se vienen utilizando como un baremo para clasificar a los alumnos en "buenos" y "malos". Pero, junto a las proclamas sobre dicha importancia, a la mayoría de personas se les hace muy difícil aportar ejemplos que hagan ver la plasmación de las matemáticas en casos reales no escolares.

Es cierto que hay matemáticas en muchos aspectos de la vida, a condición, eso sí, de que se las quiera ver, de que se disponga de las antenas adecuadas para captarlas. Y cuando se consigue verlas nos proporcionan una realidad mucho más rica, con más tonalidades. Hay matemáticas, por citar algunos campos que se considera que están alejados de ellas, en el arte (es histórica, por ejemplo, la famosa relación entre las dimensiones del rectángulo más agradable al ojo humano: el número aúreo; y también es un aspecto claramente matemático el de la perspectiva); en la arquitectura (en los adelantos ligados a los cálculos de estructuras y en las formas modulares, por ejemplo); en los medios de comunicación (en la utilización, abusiva a veces, de la famosa exactitud de las matemáticas; y también en las encuestas, estadísticas y las gráficas); en la creación de mundos virtuales para juegos informáticos o películas de ciencia ficción, por medio de los fractales; en los juegos (tanto los de azar, y sus intríngulis probabilísticos, como en el análisis de los juegos de sociedad y sus correspondientes estrategias ganadoras o favorecedoras); hasta en la literatura, tan alejada aparentemente (por citar un ejemplo, Bernardo Atxaga en su galardonado *Obabakoak*[1], dice: «Harris tenía una teoría muy curiosa acerca del cuento. Según él, un cuento no vendría a ser más que una simple operación de aritmética. Pero no una operación de cifras, claro, sino hecha a base de sumas y restas de elementos tales como 'amor', 'odio', 'esperanza', 'deseo', 'honor' y otros por el estilo. La historia de Abraham e Isaac, por ejemplo, sería una suma de 'piedad' más 'amor filial'. La de Eva, en cambio, sería una resta limpia, amor a Dios menos amor al mundo. Según Harris, además, las sumas suelen dar origen a cuentos con final feliz. Los originados por restas, en cambio, suelen tener finales trágicos»). Y por seguir la lista, las matemáticas tienen que ver de forma sustancial, además de con las disciplinas científicas habituales, con la cartografía, la criptografía, la sociología, la psicología, la política , la publicidad...

Hay muchos ejemplos de matemáticas cotidianas, de *matemáticas de la vida misma*, entendiendo la vida con una perspectiva un poco más amplia de la tradicional: se necesitan las cuatro reglas, las áreas y volúmenes y poco más. Porque eso supone restringir los intereses vitales a los intereses económicos. Pero la realidad es múltiple. Y tan real es una compra o el pago del IVA como la "existencia" de determinados tipos de números, por ejemplo los primos, que además, tras siglos de existencia confinados en territorio matemático se nos acercan en forma de claves para sacar dinero de los cajeros automáticos. Y también forma parte de la realidad la forma y las dimensiones de los objetos que manejamos, que en muchos casos son así por un criterio de minimización de alguna variable. O las trayectorias que seguimos en los viajes aéreos, que se alejan mucho de las que consideraríamos "lógicas" con nuestra mentalidad de seres terrestres.

Este libro trata de muchas de esas cosas. La elección de temas podría haber sido completamente distinta. Su objetivo es aportar elementos para contestar a esa pregunta tan habitual de los alumnos y de los ciudadanos en general : «Y eso de las matemáticas, ¿para qué sirve?», que coexiste con la veneración a lo desconocido, a lo difícil, a lo inabordable. Para ello se abordan situaciones del mundo que nos rodea, *de la vida misma,* con una mirada matemática. Así se observan las nuevas facetas que se pueden descubrir y las matemáticas a que dan lugar. Unas son fáciles y otras no tanto; pero, en cualquier caso, requieren reflexión, aunque son todas abordables desde una formación matemática básica, que todo ciudadano tiene (quizás dormida u olvidada). Y desde luego creemos que son curiosas y atractivas y que tienen ramificaciones a veces insospechadas.

---

1. Bernardo Atxaga por *Obabakoak* (Ediciones B, Barcelona, 1989) ha recibido el Premio Nacional de Literatura y el Premio Euskadi.

El libro va dirigido sobre todo a los maestros para darles ideas y pautas que les ayuden a aportar aire fresco, vida y contacto con la realidad a sus clases de matemáticas, normalmente tan abstractas y tan poco próximas al universo de los alumnos. También a jóvenes y quizás incluso a alumnos que quieran transitar en solitario por unos problemas que no suelen aparecer por las aulas, y que se pueden plantear y resolver sin grandes formalismos. Y, en fin, a adultos que, sin una relación profesional con la enseñanza, están interesados en el amplio y sugestivo mundo de los entretenimientos matemáticos.

Qué hay en el libro

El libro está estructurado en capítulos de dos tipos diferentes, aunque todos ellos están impregnados del espíritu del que hablábamos antes. En unos hay una exposición "literaria" en torno a un tema, procurando aportar ideas, reflexiones, comentarios... con un punto de vista de divulgación. Pretenden proporcionar a los educadores puntos de vista sobre las matemáticas distintos de los habituales en los libros de texto, tanto en los libros que utilizan como profesores, como en los que estudiaron como alumnos, haciendo hincapié en aspectos históricos y culturales de las matemáticas. A lo largo del capítulo, y para poder reflexionar sobre algunos aspectos, o profundizar en otros, se proponen problemas al hilo del discurso. Todos esos problemas están resueltos al final del libro (e incluso en algún caso dan lugar a nuevos problemas). El contenido de estos capítulos no siempre se puede utilizar literalmente en clase, sino que pretende servir al profesor para reflexionar sobre las matemáticas.

Otros capítulos están estructurados en torno a problemas o actividades que se pueden proponer directamente a alumnos de distintas edades, pero para cuyo intento de resolución o de discusión se necesitan muy pocos conocimientos matemáticos. La redacción de estos casos está hecha de forma que se puedan proponer directamente a alumnos desde la Enseñanza Primaria hasta la Educación Secundaria Obligatoria (y muchos de ellos son de interés para cualquier persona). Por consiguiente, tienen un estilo más directo y coloquial. Al final de cada uno se dan las soluciones y comentarios sobre los problemas, que intentan situar pedagógicamente la actividad, sus objetivos, los errores más frecuentes, algunas pautas para personalizar o hacer más próxima la actividad, etc. A pesar de que se puedan fotocopiar y proponer a los alumnos, no es ése su espíritu, sino que buscan servir de fuente de reflexión para generar actividades cercanas al entorno de la escuela y a los intereses de los alumnos.

Cada capítulo es independiente, por lo que el orden de lectura puede elegirse según los intereses de cada uno. A pesar de que en algunos casos se hace referencia a aspectos tratados en capítulos anteriores, el no haberlos leído no impide la comprensión de los mismos. Hemos procurado no utilizar ningún concepto matemático o método operativo que no forme parte del caudal mínimo, y en los casos en que había la menor duda hemos procurado explicarlos desde sus inicios. En cada uno de los capítulos, a continuación del título, un pequeño extracto de algunas líneas trata de dar una idea de su contenido.

A lo largo de todos los capítulos hay notas sobre referencias bibliográficas o aspectos relacionados con el tema, pero cuya inclusión en él dispersaría la atención o alejaría demasiado de la línea principal. En cuanto a notación, para los números decimales hemos utilizado siempre el punto (así escribimos 3.2 y no 3,2), y para la multiplicación el asterisco (*). Para diferenciar los millares hemos colocado un espacio entre las cifras: 1 435.

Género y número

A lo largo de todo el libro hemos utilizado mayoritariamente el plural, a pesar de que está escrito por un solo autor, buscando, más que un efecto mayestático, la complicidad con el lector. Queremos hacerle sentir que se trata de una búsqueda conjunta, de una exploración que puede proporcionar descubrimientos interesantes, no desconocidos en general, ni por el guía ni por el viajero, pero que arrojan matices diferentes y atractivos. Y una exploración que desearíamos que fuera más viajera que turística, en el sentido de que lo que prima es el trayecto y no la meta. Por utilizar la expresión del gran matemático y filósofo Leibnitz, «los caminos del descubrimiento son más importantes que el propio descubrimiento». Nos gustaría poder transmitir el gusto por la reflexión, por la profundización en los aspectos que creíamos acabados y que se nos ofrecen desde perspectivas nuevas. La pasión por aumentar el saber y por ampliar los mundos mentales. Y el espíritu lúdico y gozoso de esa búsqueda, así como el disfrute de los placeres que proporciona.

Nuestro deseo sería que algún efluvio de esos perfumes llegara a las clases de matemáticas de cada día, tan pesadas, tan alejadas de la vida y de la pasión intelectual. Esas clases que nos hacen recordar al dramaturgo Strindberg cuando comenta que «la vida es corta, pero puede ser larga mientras dura», y en las que la imaginación está ausente; en las que lo único interesante parece ser la memoria para repetir lo que otros hicieron (casi siempre hace largos siglos y en contextos muy diferentes al actual) y la constancia para superar el tedio de la realización de ejercicios áridos y desconectados de cualquier entorno próximo. Esas clases plúmbeas y prescindibles para los alumnos... y para sus profesores, cuya mayor alegría es que terminan por acabarse.

En cuanto al género, en este libro se suele adoptar el masculino, no por comodidad ni costumbre, sino por no conocer ninguna solución fluida al problema de la diversidad de géneros. No nos parece una solución ideal, y de conocer una alternativa mejor la hubiéramos utilizado.

Para acabar, y por una vez en singular, me sentiría recompensado y ampliamente satisfecho del esfuerzo de redactar este libro si lograra hacer atractivas las matemáticas siquiera a un lector y le abriera perspectivas hasta entonces inéditas para él. Y más todavía si por intermedio de un profesor (o por contacto directo) contribuyera a reducir la distancia entre las matemáticas y la vida de los alumnos.

Quiero expresar mi agradecimiento a Rafael Boix por el cuidado en la realización informática de las figuras del libro.

1. NUESTRO SISTEMA DE NUMERACIÓN

¿Lo conocemos, a pesar de utilizarlo constantemente?
¿Por qué han caído casi en desuso los números romanos?
Y, sin embargo, seguimos empeñándonos en contar por docenas.
Otras maneras útiles de contar: de dos en dos.
Historia, presente y curiosidades.

Socialmente se acostumbra a asimilar las matemáticas con los números, de forma que los escolares suelen tener bastante asumido que lo que hay que hacer para resolver un problema es una o varias operaciones numéricas. O que, incluso, si llegan a poder dar una respuesta a una situación sin haber tenido que escribir algunos cuantos números, seguro que su solución no es correcta. No vamos a negar la importancia de los números en las matemáticas. Pero hay que dejar claro que la esencia de las matemáticas está en los razonamientos, no en los números. Y que, además, dentro de ese baremo de belleza que siempre solemos detectar en los resultados matemáticos (y así ha sido siempre a lo largo de la historia), se suele considerar más elegante o más bello un razonamiento en el que no intervengan números (o la menor cantidad posible de ellos).

La escritura de los números en el sistema de numeración decimal (que es nuestra manera de hacerlo y que coincide con la que se usa en todos los países del mundo y en todas las culturas, y que constituye el único lenguaje universal de la humanidad) se toma por algo tan obvio, tan de siempre, que con cierta frecuencia se olvida su historia, su génesis y sus virtudes. De modo que no se reflexiona sobre las ventajas que tiene este sistema respecto a otras maneras de representación (algunas de las cuales coexisten de manera residual con ella) ni tampoco sobre las dificultades de la interiorización del sistema o de su aprendizaje, que se tiende a considerar que son inexistentes o muy reducidas.

En este primer capítulo reflexionaremos sobre todo lo que acabamos de comentar, desde diferentes perspectivas. Y veremos que existen muchos más aspectos, y algunos bastante sutiles, de los que habitualmente tenemos en cuenta. Y lo haremos incluso por medio de algunas situaciones "mágicas" o por otras que pongan en entredicho, que hagan tambalearse, nuestros propios conocimientos sobre la materia. Y procuraremos que sean cuestiones que apetezca abordar y que resuelvan preguntas de situaciones próximas a nuestra vida diaria.

Un poco de historia

Hay invenciones que no se consideran como muy importantes (en general por desconocimiento o por no haberse detenido a pensar en ello) y que sin embargo han jugado un papel capital en la historia. Entre ellas se encuentra el sistema de numeración decimal. Como afirma G. Ifrah[1], «en la historia de la humanidad se han producido dos acontecimientos tan revolucionarios como el dominio del fuego, el desarrollo de la agricultura o la eclosión del urbanismo y de la tecnología. Nos referimos a la invención de la escritura y a la del cero y de las llamadas cifras "árabes", pues, como las otras, estas invenciones han cambiado por completo la existencia de los seres humanos».

Hasta llegar a esa invención, la humanidad recorrió un largo camino que comenzó hace unos 5 000 años, en los territorios de lo que ahora es Irak. Los sumerios y los elemitas, dos pueblos que habitaban la zona, fueron los primeros que empezaron a realizar transcripciones gráficas de las ideas, con lo que comienza lo que ahora llamamos escritura. Y lo hicieron en primer lugar con símbolos para representar cantidades (nuestras actuales cifras) y más tarde también con el lenguaje hablado. Por lo tanto, la invención de las cifras es más antigua que la de la escritura, y su primera utilidad fue la representación de las cantidades. Algunas culturas, muy desarrolladas en otros aspectos, como la inca del Perú anterior a la conquista española, no tuvieron una escritura, pero sí una manera de representar las cantidades, por medio de nudos en cuerdas, los llamados "quipus". La representación de cantidades de objetos es la primera gran utilidad de un sistema de numeración, para poder recordarlas.

Los símbolos que utilizaron para las cifras las distintas culturas fueron diferentes entre sí, pero, al menos para los números pequeños, se trataba de estilizaciones de las muescas (como las que se hacen en maderas) o de las rayas. Representar números mayores ya era algo más complicado. Y todavía se hizo más difícil la puesta a punto de mecanismos para la segunda gran conveniencia de un sistema de numeración: la realización de operaciones aritméticas, de cálculos.

Para llegar a tener disponible el actual sistema de numeración han sido necesarios 3 500 años desde aquella primera aparición de las cifras que hemos evo-

---

1. *Las cifras. Historia de una invención.* Madrid. Alianza Editorial, 1987. Es un libro muy interesante que trata de forma monográfica sobre las cifras y los sistemas de numeración. Lo hemos utilizado en más ocasiones a lo largo de este capítulo.

cado. Es una etapa muy larga, y que, por consiguiente, indica que hubo una gran cantidad de dificultades conceptuales que resolver. Y también revela que su aprendizaje por parte de niños y adolescentes (a pesar de lo que prácticamente se suele pensar en la escuela, dado el poco tiempo que se dedica al tema) será lento, parcial y complicado[2].

Veamos las etapas recorridas. Si queremos representar cantidades grandes, ya no nos sirven los palitos o las muescas, porque enseguida hay una gran cantidad, que nos lleva a volver a contar una y otra vez. Se necesitan símbolos para representar cantidades más grandes (para fijar ideas, pensemos en un sistema menos evolucionado que todavía perdura, como uno de los restos de una civilización que dominó nuestro mundo y que ha dejado rastros duraderos: el de los números romanos, en el cual el signo V equivale a cinco rayas y el signo L a cincuenta), y que representaban siempre la misma cantidad. Decimos que las cifras, los símbolos así utilizados, tienen un *valor absoluto*: esté donde esté una L siempre quiere decir cincuenta. Fue una idea rentable, pero no suficiente. Sobre todo si se quiere calcular con los números así escritos, incluso con números no muy grandes. Basta hacer la prueba con números escritos en el sistema romano, incluso para sumar números como CDXXIV y CCXXXIX. No hablamos de lo que supone multiplicar esas cantidades: no hay unos algoritmos (procedimientos operativos) sencillos y mecánicos que nos permitan obtener el resultado.

Así pues, mediante ese procedimiento (utilizado por diversas culturas en todo el planeta), se pueden representar cantidades, pero no es útil para operar con sencillez. Y además da lugar a una gran cantidad de símbolos y a representaciones compuestas por muchos símbolos, muy largas, en cuanto el número es un poco alto. Por ejemplo, los dos números expresados en numeración romana a los que nos hemos referido en el párrafo anterior, 424 y 239, tienen 6 y 7 letras, y en cambio sólo 3 cifras en nuestro sistema.

Pero existe otra idea más rentable, y que sirve para representar números por grandes que sean. Es lo que se llama el principio del *valor relativo*: una misma cifra, un mismo símbolo, tendrá un valor diferente en relación (de ahí lo de relativo) con el lugar en que esté colocado. Por fijar las ideas, en el 424 anterior hay dos símbolos iguales: 4. Pero el de la derecha representa cuatro y el de la izquierda 400.

2. Como comenta el psicólogo y pedagogo Bruno Bettelheim, «aprendí a ser paciente con mis alumnos y mis pacientes cuando les costaba mucho tiempo comprender o cambiar cosas que yo mismo había tardado muchos años en asimilar» (*El peso de una vida*. Barcelona. Crítica. 1991). En la enseñanza sería bueno adoptar la misma actitud con conceptos o procedimientos que ha sido muy trabajoso poner a punto, que han aparecido tarde en la historia de la humanidad, porque eso indica que son complicados de aprender. Y por consiguiente, su adquisición por los estudiantes estará llena de dificultades.

En el caso de nuestro sistema de numeración, si escogemos varios números: 1, 15, 143 y 1 786, podemos observar que en todos ellos aparece el 1. Pero el significado de cada 1 es diferente. En el primero, es una unidad; en el segundo, una decena, que son 10 unidades; en el tercero, es una centena, que son 10 decenas; y por fin, en 1 786, el 1 es un millar, que son 10 centenas. En resumen, tenemos que:

1 decena = 10 unidades
1 centena = 10 decenas = 10(10 unidades) = 10^2 unidades
1 millar = 10 centenas = 10(10^2 unidades) = 10^3 unidades

Este proceso se puede aplicar a cualquier otro número. Si queremos saber qué representa cada una de las cifras del número 259 861, basta con mirar el lugar que ocupan, empezando por la derecha[3]. El 9 está en el cuarto lugar; su valor será $9*10^3$, donde el exponente 3 del 10 es uno menos que el lugar que ocupa el 9. El 2, colocado en el sexto lugar empezando por la derecha, significa $2*10^5$. Y así con todos los demás números.

Por consiguiente, cada lugar representa una potencia de 10, en nuestro caso. A ese número (se puede elegir otro, y ha habido culturas que lo han hecho) se le llama *base del sistema de numeración*. Es decir, que nuestro sistema de numeración es de base 10. Por tanto, para definir un sistema de numeración se necesita el principio del valor relativo y una base, que es el número de veces mayor que es cada orden de unidades que el anterior.

Pero queda un problema aparentemente pequeño: ¿qué hacer cuando en un determinado orden de unidades (centenas o millares, por ejemplo) no tenemos ninguna? Entonces ponemos el cero. Desde nuestra perspectiva, es un "invento" obvio, pero sólo llegó a idearlo una cultura a lo largo de la historia, y supuso el broche de oro de los sistemas de numeración. Algo aparentemente tan banal (y por ese convencimiento se dedica muy poco tiempo a enseñarlo, por no decir ninguno) como el cero supone la unión de dos conceptos aparentemente distintos y lejanos: la ausencia y la nulidad. Una cifra igual que las demás en cuanto a su operatividad y propiedades, pero que, al contrario que las otras, no representa la existencia sino la ausencia.

Pensemos por un momento qué es lo que pasa si no tenemos una cifra (y un lugar mental) para representar la ausencia de un determinado orden de unida-

3. Como veremos más adelante, el sistema de numeración decimal llegó a Europa a través de los árabes, que escriben, como se sabe, de derecha a izquierda, en sentido inverso que nosotros. Y junto con él, nos han legado su manera de escribir los números, que empezamos, como ellos, por la derecha. Por eso para ver el orden de las unidades hay que empezar por el número de la derecha.

des. Tendremos que dejar un vacío, un hueco en el lugar correspondiente. Eso daría lugar a todo tipo de inseguridades, sobre todo si se copia la cantidad, porque nunca habría la seguridad del orden de unidades que se está utilizando. Ese problema se solventa con la utilización del cero.

Gracias a todo este aparato conceptual ya podemos representar con facilidad y comodidad, y sin riesgo de ambigüedades, cualquier número. Y para ello necesitamos tantos símbolos (incluído el cero) como indique la base: en nuestro caso 10 signos diferentes. Y cualquier número es una suma de potencias de diez multiplicadas por números menores que 10; suma en la que quizás falte alguna de las potencias de 10 (siempre que aparezca un cero). Por ejemplo, cuando escribimos 4 807, lo que queremos expresar es:

$$7 + 0*10 + 8*10^2 + 4*10^3$$

o bien, si queremos hacer más sencilla la suma:

$$7 + 8*10^2 + 4*10^3$$

La descomposición de un número cualquiera en una expresión como la anterior ayuda a comprender mejor los mecanismos de las operaciones habituales y a desentrañar algunas situaciones más o menos “mágicas” o aparentemente sorprendentes. Como invitación proponemos los problemas siguientes, con los cuales se puede jugar a hacer adivinaciones, con la seguridad de acertar siempre.

Problema 1

Elige un número cualquiera de tres cifras. Invierte ahora el orden de las cifras. Ahora tendrás dos números; del mayor de los dos resta el menor. Al resultado obtenido le tienes que sumar el mismo resultado con las cifras invertidas. ¿Cuál es el resultado? Puedes apostar con cualquiera: seguro que el resultado que obtienes es 1 089.

Vamos a poner dos ejemplos. Si el número elegido es 224; invertimos las cifras y se obtiene 422. Restamos 422 – 224 = 198. Invertimos 198 y tenemos 891. Sumando 891 + 198 = 1 089

Otro caso: 796. El proceso es: 796 – 697 = 099; 099 + 990 = 1 089. El resultado siempre es el mismo. Queremos que busques por qué razón el resultado es siempre 1 089.

Problema 2

Escoge un número de tres cifras, el que más te guste, y escríbelo dos veces seguidas para tener un número de seis cifras (por ejemplo, si has elegido el 475, te quedará 475 475). Divídelo por 7: verás que da exacto. Divide el cociente por 11: vuelve a ser exacto. Y el segundo cociente divídelo otra vez, ahora por 13. ¡Sorpresa! No solamente vuelve a ser exacto, sino que el cociente final es el número de tres cifras del que has partido.

Puedes comprobar que pasa siempre lo mismo, sea cual sea el número elegido. Se trata de que encuentres las razones por las que eso sucede.

Tenemos así ya completo el sistema de numeración con el principio del valor relativo, una base (diez en nuestro caso, de ahí el nombre de decimal) y el cero. Solamente una civilización humana ha llegado a construir este sistema en toda la historia: la hindú. La primera aparición completa y fechada del mismo se remonta a una obra de un matemático de la actual India en el año 628, 3 500 años despues de la aparición de las primeras cifras de que dábamos cuenta al inicio de este apartado, y hace menos de 1 500 años. Desde entonces este sistema se ha extendido a todo el mundo, constituyendo el único sistema universal de representación.

En esos 3 500 años existieron otros métodos de representación, algunos de los cuales todavía persisten. La generalización del sistema hindú no fue fácil ni lineal. De todo ello nos ocuparemos más adelante. Pero antes de hacerlo, queremos insistir otra vez en que algo que cuesta 3 500 años es sumamente complicado de poner a punto, y que, por consiguiente, tiene dificultades conceptuales importantes. Por ello hay que tener gran cuidado en su enseñanza y no darlo como algo evidente. Ni tampoco pensar que una vez que se ha empezado a trabajar con él ya está definitivamente adquirido y no habrá mayores dificultades.

Otros sistemas de numeración

Nos hemos referido hasta ahora a nuestro sistema de numeración, de base 10. Y la razón de que se haya elegido esa base salta a la vista sólo con mirarse las manos: tenemos diez dedos (y por eso a los números menores de 10 se les llama dígitos). Y es que la mano es la primera calculadora de la historia, cuya utilidad persiste, a pesar de los avances de las modernas calculadoras electrónicas; y bueno será recordarlo para no poner limitaciones a su uso (incluso en niveles que parecen ya muy adelantados: si alguien cuenta con los dedos es señal de que lo necesita. Dejará de hacerlo cuando tenga instrumentos o procedimientos más rentables; poco se adelanta con la prohibición, salvo el forzar a que se haga a escondidas, como no es infrecuente observar en las aulas).

En la historia humana se han utilizado otras bases para los sistemas de numeración, junto con el principio del valor relativo (sólo el cero es exclusivo del sistema hindú, hoy adoptado en todos los países, como hemos dicho antes). Esas bases han sido tres: el 12, el 20 y el 60. Parecen a primera vista elecciones un tanto absurdas, pero hay razones subyacentes que las explican.

Vayamos por orden. Contar en base 12 es hacer agrupaciones de doce elementos, con lo cual la primera unidad es la docena (equivalente a la decena en nuestro sistema), y la siguiente son doce docenas, es decir 144 unidades (144 = 12*12), que es lo que se llama una gruesa, y que aún se utiliza para contar algunos productos, como los huevos, las pinzas de tender la ropa o las ostras. Así pues, el sistema de base 12, cuyo origen hay que buscarlo en la tierra en que se empezaron las representaciones numéricas, todavía persiste, aunque sea de forma larvada, en la actualidad. Pero, ¿por qué se hizo la elección de la base 12?

Tenemos que volver nuevamente a las manos y recordar que el ser humano el es único primate cuyo pulgar se puede oponer a todos los dedos (los otros primates tienen un pulgar prensil). Por ello con el pulgar se pueden ir contando, en una sola mano, teniendo en cuanta que cada uno de los otros dedos tiene 3 falanges, hasta 12 divisiones distintas. Es decir, ¡que la base 12 también la tenemos a mano! Eso sí, de una manera un poco menos evidente que la base 10, que es el número de dedos (véase Figura 1).

Figura 1

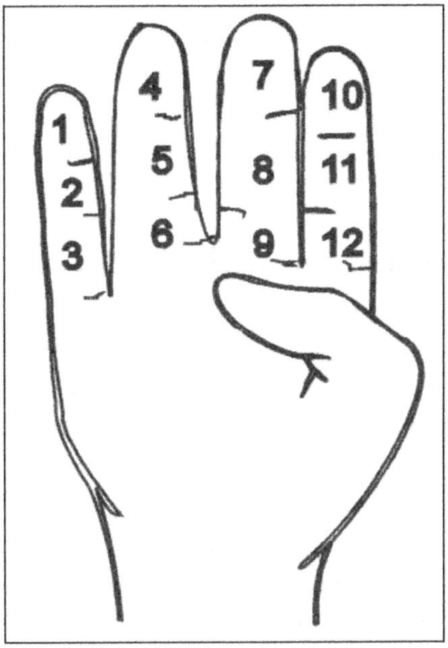

Hablando de dedos, podemos extender un poco el punto de mira, y tomar en consideración también los de los pies (algo más sencillo si se vive en zonas no muy frías que permitan ir siempre con los pies al descubierto). Así obtenemos la explicación de la base 20, que fue la que utilizaron, por ejemplo, los mayas de la actual Centroamérica en la civilización anterior a la llegada de los españoles. Los diferentes órdenes de unidades (para los que tenían símbolos oportunos) eran 20, 400 y 8 000, que son respectivamente el cuadrado y el cubo de 20. La base 20 ha sido utilizada en diferentes civilizaciones africanas y asiáticas, así como en la cultura esquimal de Groenlandia. Y, aunque son ligeros, quedan restos en la forma de contar en algunos países europeos, por ejemplo en francés, 80 aún se dice cuatro-veinte ("quatre-vingt"), y en el francés antiguo la solución era la misma para 60, 120 0 140 (que eran "trois-vingt", "six-vingt" o "sept-vingts", respectivamente tres, seis o siete veintes).

Nos queda por explicar el origen de la base 60, utilizada por los antiguos babilonios, y transmitida por los antiguos astrónomos, y de la que tenemos todavía restos en nuestra cultura en la forma de medir el tiempo (una hora son sesenta minutos, cada uno de los cuales tiene a su vez sesenta segundos; y también en la medida de ángulos, con las mismas equivalencias). No hay ninguna prueba concluyente de las razones de esa elección, pero la hipótesis más probable es que utilizando las dos manos se puede llegar a contar 60. En efecto, hemos visto antes que con una mano llegamos a 12, y llevando la cuenta con la otra mano, con cada uno de los cinco dedos, se puede llegar como máximo a 60 (60 = 12 * 5).

Mucho menos extendida ha sido la utilización de la base 5, que resulta de usar una sola mano en vez de las dos, aunque también hubo algunos pueblos de Oceanía que la emplearon.

Problema 3

Ya que estamos con divisiones del grado, queremos que reflexiones un poco por qué se toma esa unidad de medida de ángulos, que sabes que es el resultado de dividir una vuelta completa (toda una circunferencia) en 360 partes iguales. ¿Por qué se ha elegido el número 360 y no cualquier otro?

Otro poco de historia

Hemos visto que el sistema decimal permite escribir los números con facilidad y operar con rapidez, por lo que es muy superior a cualquier otro sistema de numeración utilizado anteriormente, y que estaba desarrollado hace unos 1 500 años. Sin embargo su introducción en Occidente no fue rápida ni sencilla. El primer libro occidental que trata de este sistema data de 1202, de los tiempos de Marco Polo y de las Cruzadas, se titula *Liber abaci* (o Libro del ábaco), y lo escribió un comerciante y matemático italiano llamado Leonardo Fibonacci, que tenía relaciones comerciales con los árabes, de los que aprendió el sistema. Porque fueron los árabes quienes hicieron de transmisores de lo que se conoce como "numeración árabe", aunque, como hemos visto, debería llamarse india o hindú[4].

4. Esa cooperación en la transmisión del sistema de numeración ha hecho que muchas de las palabras que se utilizan sean de origen árabe. Por ejemplo, la palabra árabe "sifr", que quiere decir vacío (que es el papel que juega el cero), ha dado lugar a cero y también a cifra; o algoritmo, procedimiento de cálculo, que viene del nombre del sabio al-Khuwarizmi, que fue el encargado por el sultán de difundir la numeración india. Para más datos se puede ver *La matemática de Pitágoras a Newton*, de L.L. Radice. Barcelona. Laia, 1983. Los matemáticos árabes desarrollaron, además muchas partes de las matemáticas y nos legaron costumbres que aún perduran. Por ejemplo, el llamar x a la incógnita en las ecuaciones tiene el siguiente origen, según relata A. Maalouf es su novela *Samarcanda* (Madrid. Alianza Editorial, 1989): «Durante los meses siguientes comienza la redacción de un libro muy importante consagrado a las ecuaciones cúbicas. Para representar la incógnita, en ese tratado de álgebra, Jayyam utiliza el término árabe "shay", que significa cosa; esta palabra, escrita "xay" en las obras científicas españolas, ha sido reemplazada progresivamente por su primera letra, x, que se ha convertido en el símbolo universal de la incógnita».

Pero la aceptación definitiva no se alcanza con plenitud hasta pasada la Revolución francesa, hace unos 200 años. Pues, si bien a lo largo del siglo XV se fue implantando progresivamente, subsistieron inconvenientes que hicieron que, a finales del siglo XVI, Montaigne, uno de los hombres más cultos de su tiempo, se quejara de que no sabía calcular. Los dos obstáculos fundamentales que retrasaron la entrada en Europa del sistema decimal de numeración fueron los calculadores profesionales y la resistencia de los poderes constituidos.

La dificultad de la realización de cálculos con los métodos utilizados hasta el Renacimiento en Europa, hizo necesaria la existencia de un gremio de calculistas profesionales, que aplicaban complicadas técnicas sólo conocidas por ellos. Con la introducción de métodos más sencillos, accesibles para mucha gente, su utilidad pasaba a ser dudosa y corrían el riesgo de desaparecer como oficio, de pasar al paro o a la reconversión, según la terminología laboral actual. Como todo gremio en esas circunstancias, opusieron una fuerte resistencia y desplegaron toda su influencia (que no era poca, puesto que las haciendas estaban en sus manos), para oponerse a la numeración decimal.

Para colocarnos en una situación similar, haciendo un ejercicio de ciencia ficción, imaginemos la reacción de la clase médica ante la aparición de ordenadores que por un precio asequible diagnosticaran con fiabilidad las enfermedades y prescribieran los remedios adecuados. O, en el mismo terreno de ficción, qué harían los actuales técnicos informáticos si se lanzara al mercado, al mismo precio de los actuales, un ordenador que ejecutara órdenes habladas en el lenguaje habitual.

En cuanto a la reacción de los poderes constituidos, estuvieron encabezadas por la Iglesia Católica (aunque había otras iglesias), que desde el Renacimiento pusieron en cuarentena a la ciencia y a la filosofía (otra de cuyas manifestaciones fueron las polémicas y las dificultades de todos los pensadores que proponían nuevas teorías astronómicas). Hay que pensar que si bien el camino físico recorrido por los nuevos sistemas de numeración empieza, como hemos visto, en la India, quienes actúan como transmisores son los árabes, es decir, infieles. «Ciertas autoridades eclesiásticas hicieron correr el rumor de que, al ser tan fácil, tan ingenioso, el cálculo de los árabes debía de tener algo mágico, incluso algo demoníaco: sólo podía proceder del mismo Satanás en persona», como señala G. Ifrah.

Una vez situados en ese universo mental, no estaba lejano el momento de colocar a los calculistas "modernos" al lado de filosófos heterodoxos y de brujos de todo tipo, al calor de la hoguera inquisitorial. Y así sucedió en no pocos lugares, con la consiguiente prevención para los demás. De esta manera se desarrolla durante siglos una guerra al menos tan importante como las que suelen aparecer en los libros de historia, y sin embargo muy poco conocida: la guerra entre los abaquistas, aferrados al cálculo con los viejos instrumentos , y los algoritmistas, que estaban a favor de la numeración árabe. Una mirada a nuestro alrededor nos dice quiénes fueron los ganadores de esa guerra.

Pero la guerra a la que hacemos referencia no aniquiló a los vencidos, a los otros sistemas de numeración. Los derrotó, pero, como hemos visto, desde los albores de los tiempos siguen persistiendo algunos residuos de otros sistemas de numeración. Y si no, ¿por qué los huevos se siguen contando por docenas?, ¿por qué una hora tiene 60 minutos y cada minuto se subdivide en 60 segundos? Y los siglos se siguen escribiendo en números romanos: estamos acabando el siglo XX, no el 20. Y veremos a continuación que después se han puesto en funcionamiento otros sistemas de numeración, con los mismos principios que el hindú, pero con otras bases.

La mejor base

En cuestión de números, como en casi todo, las cosas son buenas o malas según el uso que se quiera hacer de ellas. Si la base es pequeña, por ejemplo 5, tenemos la ventaja de que sólo necesitamos 5 cifras distintas. Pero un número escrito en el sistema de base 5 es más largo que si lo escribimos en base 10. Si la base es mayor que 10, los números son más cortos, pero necesitamos más de 10 cifras distintas, como veremos ahora con algunos ejemplos. O sea, que dependiendo de lo que nos interese, será mejor una elección u otra.

Vamos a aclarar lo de las bases y los números escritos en los distintos sistemas. Y conviene insistir en que se trata del mismo número, aunque su representación física sea distinta. Así, XX y 20 es el mismo número, expresado de dos maneras distintas. Para indicar en qué sistema estamos escribiendo pondremos debajo del número, como subíndice, la base en que está escrito. Así 123_5 quiere decir que ese número está escrito en base 5. ¿A qué número escrito en el sistema habitual, el de base 10, corresponde? O dicho de otra forma, ¿cómo se escribe en base 10? Según el principio del valor relativo que hemos visto más arriba será:

$$123_5 = 3 + 2 * 5 + 1 * 5^2 = 3 + 10_{10} + 25_{10} = 38_{10}.$$

Otro ejemplo, ahora en base 3. ¿Qué numero representa el 121023? (hay que destacar que ahora sólo disponemos de las cifras 0, 1 y 2). Igual que antes,

$$12102_3 = 2 + 0 * 3 + 1 * 3^2 + 2 * 3^3 + 1 * 3^4 = 2 + 9 + 54_{10} + 81_{10} = 146_{10}.$$

Ya hemos comprobado que si la base es más pequeña la representación del número tiene más cifras, es más largo.

Problema 4

Para practicar un poco, halla los equivalentes decimales (es decir en base 10) de los números siguientes: $1\,354_6$; $4\,634_7$; $3\,532_4$; $1\,010\,011_2$ y $56\,370_8$.

El cambio inverso es un poco más complicado, es decir, hallar la representación en otro sistema de un número escrito en el sistema decimal (de base 10). Si tenemos el número 359_{10} y lo queremos representar en base 8, tenemos que encontrar unas cifras, que no sabemos cuáles son –pero que, eso sí, serán menores que 8–, y que llamamos, por ejemplo, a, b, c y d, tales que:

$$d + c * 8 + b * 8^2 + a * 8^3 = 359$$

Si vamos buscando a ojo encontraremos que es necesario que d = 7, c = 4, b = 5, a = 0. Es decir, que $359_{10} = 547_8$. Pero, como no conviene confiar en la inspiración de cada momento, es mejor utilizar un procedimiento mecánico para obtener esos valores (que es lo que se llama un algoritmo, al que nos hemos referido más arriba. Seguro que conoces varios: el de sumar, el de multiplicar, el de cambiar las marchas de la bicicleta, el de poner a grabar el video...). Pero todos los algoritmos son así por alguna razón; la del que vamos a exponer a continuación la tendrás que buscar tú mismo.

Divide 359 (número que quieres cambiar de base) entre 8 (base a la cual quieres cambiar). El cociente es 44 y el resto 7: este resto será la primera cifra de la derecha. Volvemos a dividir 44 por 8; el cociente es 5 y el resto es 4: ya tenemos la segunda cifra. La tercera y última es el 5: hemos acabado porque el cociente ya es menor que la base. El último cociente es la última cifra. Y tenemos que $359_{10} = 547_8$.

Otro ejemplo. Cambiar 834_{10} a base 7. Vamos dividiendo. Obtenemos: 834 = 119 * 7 + 1. Continuamos: 119 = 17 * 7 + 0. Otra vez: 17 = 7 * 2 + 3. Luego vamos poniendo de derecha a izquierda todos los restos y al final el último cociente. Así $834_{10} = 2\,301_7$. Todas estas divisiones se puede disponer, para hacerlo más fácil, de la siguiente manera:

834	7		
13	119	7	
64	49	17	7
①	⓪	③	②

Problema 5

Para que puedas practicar, expresa cada uno de los números siguientes, que están escritos en base 10, en la base que se indica: 367 en base 5; 2 061 en base 7; 3 407 en base 2; 234 en base 4 y 131 en base 12.

Si has resuelto los dos problemas anteriores, habrás comprobado por ti mismo lo que ya te habíamos dicho: cuanto menor es la base, menor número de cifras distintas nos hacen falta, pero más larga es la representación. Y viceversa Ahora podrás contestar a la pregunta de cuál es la mejor base: ¡Depende de para qué la queramos!

El caso extremo es la base 2, la menor que podemos elegir. En ese sistema sólo hay ceros y unos; aunque en cuanto el número es un poco grande se convierte en un auténtico rosario de esas dos cifras, larguísimo. Sin embargo, podremos ver que es de gran utilidad. Antes de hablar de ello aún tenemos que ver cómo se opera en esos otros sistemas, que también tiene su intríngulis. Y, además, operando en otros sistemas no tendremos más remedio que pensar de verdad en por qué hacemos las cosas como las hacemos. A lo mejor conseguimos enterarnos finalmente de por qué se suma y se multiplica de esa manera (todo eso del llevar y demás). Es decir, entendemos un poco mejor por qué cada algoritmo es como es.

Imaginemos que vemos en un papel dos operaciones como las siguientes:

	33 214		1 342
+	23 103		* 13
	111 322		10 131
			1 342
			24 101

Lo más fácil es que pensemos que quien las haya hecho no anda muy fuerte en cálculos. O que son operaciones que no conocemos aunque se representen de la misma manera. Y sin embargo, son operaciones que están bien hechas y son la suma y la multiplicación habituales, eso sí, con una pequeña diferencia: están realizadas en el sistema de numeración de base 5. Ya hemos aprendido a hallar las equivalencias entre números escritos en distintas bases. Haciendo esos cambios, y poniendo todos los números en base 10, las operaciones que están representadas arriba son:

2 309 + 1 653 = 3 962 y 222 * 8 = 1 776, y son correctas.

Vamos a aprender a calcular en los distintos sistemas de numeración. Para poder hacer una operación hay que tener la tabla de la misma, donde aparece el resultado de operar dos números de una cifra. Vamos a poner las correspondientes a la suma y a la multiplicación en el sistema de base 6, y las utilizaremos a continuación. Si tienes alguna dificultad, pasa todos los números a base 10 y verás cómo todo funciona bien.

TABLA DE SUMAR EN BASE 6

+	0	1	2	3	4	5
0	0	1	2	3	4	5
1	1	2	3	4	5	10
2	2	3	4	5	10	11
3	3	4	5	10	11	12
4	4	5	10	11	12	13
5	5	10	11	12	13	14

TABLA DE MULTIPLICAR EN BASE 6

*	1	2	3	4	5
1	1	2	3	4	5
2	2	4	10	12	14
3	3	10	13	20	23
4	4	12	20	24	32
5	5	14	23	32	41

Con la ayuda de las tablas, vamos a realizar algunas operaciones en el sistema de base 6. En primer lugar, una suma, en la que indicamos debajo de cada columna la cantidad que "nos llevamos":

```
   125
+  451
  3214
  ----
  4234
   111
```

Aunque seguramente no es necesario, se puede comprobar la operación pasando los sumandos y el resultado a base 10: 53 + 175 + 730 = 958.

Ahora una multiplicación:

```
  125
*  32
  ---
  254
 423
 ----
 4524
```

(En base 10 será: 53 * 20 = 1 060. Se puede practicar con otros números y comprobar pasando los términos a base 10).

También se pueden hacer las tablas de suma y multiplicación en base 5 y comprobar que efectivamente las operaciones con las que comienza este párrafo están bien hechas, así como que es correcta la siguiente operación:

```
   2341
  * 203
 ------
 131323        (Base 5)
10232
-------
1210023
```

> **Problema 6**
>
> Ahora que ya hemos manejado diferentes bases, se trata de descubrir en qué base está realizada esta multiplicación.
>
> ```
>   413
>  * 34
>  ----
>  2255
> 1542
> -----
> 21005
> ```

En la base 2 (el llamado sistema binario), las tablas son especialmente sencillas, y de fácil construcción (que dejamos para el lector). Su principal inconveniente es que los números son muy largos. Así el número 165 en base 2 se escribe 10100101. ¡Hay diferencias de longitud!

Después de todo esto puedes pensar que es divertido o aburrido, interesante o no. Pero seguramente te queda el convencimiento de que tiene poca utilidad digamos práctica. Y eso que existe un consenso social sobre que las matemáticas son muy útiles. ¡Hay que pensar también que algo que sirva para hacer pasar ratos agradables a la gente es sumamente útil! Pero es que además lo de los sistemas de numeración se aplica en muchos aspectos de la vida cada día: sin ir más lejos tiene una aplicación directa en la realización de este libro. ¿No te lo crees? Pues es verdad, puesto que ha sido escrito con un ordenador y compuesto, antes de imprimirlo, con otro. ¡Y los ordenadores actúan y "piensan" en base 2! Lo vamos a ver ahora mismo.

El mejor sistema de numeración para los ordenadores

Imaginemos un circuito eléctrico con un interruptor. Al abrirlo y cerrarlo, tenemos dos situaciones, dos estados diferentes en el circuito. Necesitamos dos símbolos para representarlos. Podemos convenir en que si el circuito está abierto (no pasa corriente), le corresponde 0; mientras que si el circuito está cerrado (y deja pasar corriente), le corresponde 1. De esta manera, abriendo y cerrando el circuito haremos una secuencia de ceros y unos con los que podemos representar cualquier número, siempre que esté escrito en base 2.

De forma similar podemos asignar un número para cada letra o para cada símbolo de escritura y tendremos un sistema de representación de números, letras y símbolos mediante secuencias de unos y ceros. Así es, de forma muy elemental, la manera en que un ordenador puede recibir o proporcionar información. Es decir, que un ordenador utiliza el sistema binario, tanto para recibir información, como para procesarla o para transmitirla. ¿Se podría trabajar eléctricamente en algún otro sistema de numeración? La respuesta es no, y la razón es simple: tan sólo hay dos posibilidades, que pase o que no pase corriente. Por otra parte la electricidad nos ofrece el método más rápido para realizar cambios. Estos dos hechos han producido ordenadores que funcionan con electricidad y que trabajan con el sistema binario.

De todos modos hay que colocar a los ordenadores en el lugar que les corresponde, señalando que lo que saben hacer es sumar en base dos (que si has hecho la correspondiente tabla verás que resulta muy sencillo), y comparar dos números en base dos, para ver cuál es mayor. Eso sí, lo hacen con una endiablada rapidez, de manera que aunque tengan que hacerlo todo a base de sumas y comparaciones, terminan siendo mucho más veloces que el mejor calculista.

Para hacernos una idea de la rapidez de los ordenadores, pensemos en el proceso de predicción del tiempo. Se utilizan ordenadores diseñados especialmente para esta tarea. Uno de los primeros superordenadores, el CRAY I, era capaz de realizar 50 millones de operaciones por segundo. (Hay que aclarar, que una operación de ordenador se reduce a trabajar con números de una sola cifra). Pues bien, un ordenador como el CRAY I tarda unas tres horas para hacer una predicción del tiempo con diez días de antelación. Y en este trabajo realiza unos quinientos cuarenta mil millones de operaciones, en números 540 000 000 000, o en notación científica $54 * 10^{10}$. Y a pesar de todo no siempre aciertan la predicción del tiempo, aunque no es por culpa de los defectos en las operaciones.

Pero además los ordenadores aumentan su velocidad de cálculo con extraordinaria rapidez. Para darnos una idea, basta pensar que utilizando los ordenadores más potentes de los años 50, se emplearían ¡cuatro meses! en hacer los cálculos que el CRAY I realiza en tres horas (y que hay algunas generaciones posteriores de CRAY en funcionamiento). Todos estos datos son ya viejos, pero la velocidad de avance de la rapidez de cálculo en las nuevas generaciones de ordenadores es tal, que aunque aportáramos los de los últimos ordenadores, en pocos años se quedarían pasados de moda. Sirvan pues esos datos para hacerse una idea de la fantástica velocidad a la que se desenvuelven los ordenadores... en base dos.

2. CONTANDO SOBRE CIEN: LOS PORCENTAJES

Una de las habilidades matemáticas más usadas en la vida diaria, en el comercio, en los medios de comunicación, etc., y que, sin embargo, no se maneja con demasiada facilidad. Situaciones, problemas y juegos en torno a los porcentajes.

Si hay algún aspecto matemático sencillo que un ciudadano o ciudadana corriente va a utilizar fuera de los muros de la escuela es el de los porcentajes. Están omnipresentes en las transacciones comerciales diarias (no hay que ser comerciante, basta con hacer las compras habituales o fijarse en las rebajas que con tanto bombo se suelen anunciar); en todo tipo de informaciones de la prensa (en particular en una sección muy apreciada por los alumnos: los deportes) o de los medios audiovisuales.

Es muy fácil constatar la poca soltura con que se suelen manejar, no ya los porcentajes complicados (como el 46% o el 73%), sino incluso algunos muy sencillos, como el 20% o el 30%, cuyo cálculo tendría que ser automático, a bote pronto, para cualquiera que hubiera pasado con un mínimo aprovechamiento matemático por la enseñanza básica.

Para explicar esa situación (en la que por otra parte hay acuerdo general) pueden encontrarse razones complejas. Pero una primera reflexión nos indica que dentro de la enseñanza se dedica muy poco tiempo a los porcentajes; mucho menos que a las fracciones y a los decimales. Hay algo así como una relación inversa entre el tiempo que se dedica en la escuela a cada una de estas tres formas de representar cantidades no enteras y la importancia (medida en su utilización en la vida diaria) que la sociedad le concede fuera de ella (al menos en la actualidad).

Y, sin embargo, después de dedicar bastantes esfuerzos a las fracciones en la escuela, existe el convencimiento social de que es una forma muy complicada de representar las partes de una cantidad (incluso, y por poner un ejemplo, el libro de estilo del periódico *El País*, el de mayor tirada de todo el Estado español, pone limitaciones a su utilización[1]). Parece que hay también consenso sobre que es más fácil la utilización de decimales o de porcentajes. Por eso aparecen con mayor asiduidad en los medios de comunicación; y a menudo también con "errores" (englobando benévolamente bajo este epígrafe erratas y dificultades conceptuales), como el siguiente[2]: «El volumen de negocios de la FNAC se reparte en un 20% para el libro, un 19% para todo lo correspondiente a fotografía, un 27% lo genera el vídeo, equipos de sonido y microinformática; y el 32% restante es fruto del disco»; si se suma y se tiene la conciencia clara de que el resultado ha de ser el 100%, resulta que lo que resta para discos es el 34%, no el 32%.

Antes de referirnos ya en lo sucesivo exclusivamente a los porcentajes, un par de reflexiones más. La primera sería que también con las fracciones y los decimales (a los que se dedica bastante tiempo en la escuela) hay grandes errores y muy extendidos. La solución para dominar (un poco mejor, al menos) los porcentajes no está únicamente en dedicarles más tiempo, sino en hacerlo de otra manera. Y, en segundo lugar, que en general los porcentajes se suelen abordar en la escuela en el año siguiente al que se han tratado las fracciones y los porcentajes, con lo cual parece que nos estamos refiriendo a otra cosa. Quizá no estaría de más intentar verlo a la vez; es sencillo pero a lo mejor es rentable.

No vamos a hacer aquí (como en los restantes capítulos del libro) reflexiones teóricas ni recomendaciones generales sobre la didáctica de los porcentajes. Vamos a presentar algunos casos de la vida diaria en los que aparecen tantos por ciento, para que, al filo de los mismos, veamos algunas formas de abordarlos (que no son las únicas, ni mucho menos).

Caso 1. Algunas consideraciones sobre los márgenes comerciales

«Con cierta frecuencia se oyen, en ambientes comerciales, expresiones del tipo: «En este artículo gano el 100%». ¿Es correcta la expresión? En caso afirmativo, ¿qué quiere decir?»

Para intentar responder, vale la pena fijarse en que en el caso de una venta el beneficio que se obtiene (y algunas veces, por desgracia, las pérdidas) se puede calcular sobre el precio de venta o sobre el precio de compra. Por ejemplo, si se compra un artículo a 50 euros y se vende a 80 euros, el beneficio es de 30 euros. Si lo

1. En concreto dice que «Los números quebrados se escriben siempre con todas sus letras, salvo en tablas o cuadros estadísticos. Ejemplos: 'dos tercios', 'tres quintos', 'un octavo'». *El País. Libro de estilo*. Madrid. El País, 1990.

2. *El País*, 23-agosto-1994.

queremos dar en porcentaje podemos decir que es el 60% del precio de compra (de lo que nos costó: 30/50 =0.6) o que es el 37.5% del precio de venta (puesto que 30/80 = 0.375).

Por eso si doblamos el precio de compra para obtener el de venta, tendremos que hemos ganado el 100% respecto al precio de compra, por lo tanto efectivamente es correcta la expresión siempre que nos refiramos al precio de compra; si fuera respecto al de venta, una ganancia del 100% querría decir que no nos ha costado nada el artículo, que todo el dinero que hemos sacado de la venta es beneficio. Respecto al precio de venta, ¿cuál es el porcentaje de beneficio que tendremos? Parece bastante claro que el 50% (en efecto, si hemos comprado a N pts. y hemos vendido a 2N, el beneficio es N, y N/2N = 0.5).

Creemos que es conveniente hacer referencia en los momentos de aprendizaje de los porcentajes a situaciones comerciales, que se pueden entender con facilidad, en las que van a estar involucrados nuestros alumnos en el futuro con toda seguridad y porque suponen en consecuencia una ligazón de las matemáticas con la vida.

En relación con estos temas proponemos el siguiente problema:

Problema 1

Un comerciante, al que llamaremos A, marca el precio de venta de todos sus artículos añadiendo el 25% al precio que le cuestan. Otro comerciante, al que llamaremos B, gana también en cada una de sus ventas el 25%, pero en este caso del precio de venta.

Suponemos que en un determinado año los dos comerciantes A y B han tenido un mismo volumen de ventas, y también han coincidido para ambos los gastos generales (impuestos, personal, alquileres...). ¿Cuál de los dos ha ganado más dinero?

Caso 2. Aumentos o disminuciones del IVA

Desde hace algunos años el IVA (Impuesto sobre el Valor Añadido) ha pasado a ser alguien de la familia, vista la frecuencia con que nos relacionamos con él. Como todo el mundo sabe se calcula aplicando un porcentaje (diferente según el bien o servicio de que se trate) sobre el total de la factura.

Cuando aumenta o disminuye el IVA, a veces se hacen afirmaciones no muy correctas que tienen que ver con los porcentajes. Ha habido en los últimos años dos disminuciones que han dado lugar a comentarios de prensa: el paso del IVA de los coches del 33% al 28% y el de los hoteles del 15% al 6%.

En el primer caso, entró en vigencia el 1/1/92. Los periódicos lo comentaron unos días antes[3]: «El IVA que grava la compra de coches bajará un 5% en enero», decía un titular correcto. Pero en el cuerpo del artículo se afirmaba que bajaba el IVA de los artículos de lujo, y que «el epígrafe incluye a los automóviles, cuyo precio se reducirá un 5% a partir del 1 de enero». Esta última afirmación, ¿es cierta?

Desde luego que no. La bajada del precio de los coches era bastante menor, no llegaba siquiera al 4%. En efecto, el precio de los automóviles, si P era el precio de venta de la fábrica, es decir, antes de considerar el IVA, pasaba de un precio 1.33P a uno de 1.28P. Luego la disminución era de 0.05P y el porcentaje de disminución del 3.76% aproximadamente (ya que el cociente 0.05P y 1.33P es 0.0375939).

Cuando bajó el IVA en los hoteles[4], el error de los anuncios fue el mismo: si se pasa del 15% de IVA al 6%, el ahorro no es del 9% como parece y como se afirma en la publicidad, sino de algo menos del 8% (puesto que 9/115 = 0.07826). Se podría pensar que aquí hay intereses ocultos en presentar como mayor la disminución del precio, pero mas bien habría que achacarlo a un error conceptual, igual que en el caso de los periódicos.

Problema 2

En una tienda de electrodomésticos nos hacen un trato muy especial: nos descuentan el 20%. El otro día compramos una lavadora. A la hora de pagar nos preguntaron si preferíamos que sumaran primero el IVA (que como sabes es del 15%) y después descontaran el 20%, o bien que hicieran al revés, es decir, que primero nos hicieran el descuento del 20% y a lo que resultara le sumaran el 15% de IVA. No supimos qué responder. Pero se nos ocurrió una solución. Hicimos las cuentas en los dos casos y salía que teníamos que pagar lo mismo, con lo cual les dijimos que hicieran lo que quisieran.

Pero después pensamos un poco más. Y no estamos seguros si sólo pasa con el precio de la lavadora o es algo que ocurre siempre; por eso te lo preguntamos. Tenemos una cantidad cualquiera C, y primero le sumamos el 15% y al resultado le restamos el 20% de lo que resulte. Ahora a la cantidad C le restamos el 20 % y al resultado le sumamos el 15% de lo que resulte. El resultado que obtenemos, ¿es el mismo en los dos casos? Y, más en general todavía, si en vez del 15% y del 20% son dos porcentajes cualesquiera, ¿el resultado también es el mismo? Puedes probar en algunos casos para encontrar tu respuesta, pero se trata de que encuentres razones que sirvan para todos los casos: lo que se suele llamar demostrar un resultado.

3. Los entrecomillados pertenecen al artículo que aparecía en la primera página del periódico *Heraldo de Aragón* de 18/12/91. El error se repitió en la mayoría de los periódicos.

4. La cadena Meliá realizó una campaña publicitaria (que apareció, por ejemplo, en *El País* del 1/9/93) en la que decía en letras grandes: «Ahora entrar en Meliá Hoteles le costará un 9% menos». Y debajo, en un tipo de letra menor: «Una menor presión tributaria: del 15 al 6%. Un 9% menos en cada factura».

Caso 3. Algunas cuestiones sobre disoluciones

Parece que los problemas relativos a mezclas y aleaciones han pasado a la historia, como si ya no se realizaran operaciones de este tipo en la vida corriente. Sin embargo, siguen haciéndose en múltiples campos del quehacer cotidiano. En nuestros días son muy frecuentes las situaciones que tienen que ver con las disoluciones y la concentración de las mismas, que casi siempre se expresan en porcentajes.

Por ejemplo, si compramos un depósito de 100 litros de un producto al 10% de concentración en disolución acuosa, ¿cuánta agua tendremos que añadir para pasar a una concentración del 5%? O más en general, ¿cuánta agua tenemos que añadir para tener una concentración del 6%? ¿Y para que sea del 4% o del 3%?

A la primera pregunta la respuesta parece evidente: si queremos reducir la concentración a la mitad habrá que aumentar el volumen al doble. Pero surge una duda. Puesto que para obtener 100 litros al 10% de concentración hay que mezclar 90 litros de agua y 10 de producto puro, para tener al 5%,¿ habrá que doblar los 90 litros de agua, es decir, poner 180 litros de agua y 5 del producto puro?; ¿o lo que habrá que doblar es el volumen total, es decir, pasar a 200 litros, en cuyo caso habría que añadir 100 nuevos litros de agua?

Para poder dar una respuesta ahora y que nos sirva para las otras preguntas habrá que pensar un poco. Como decíamos, en 100 litros de disolución al 10% hay diez litros de producto y 90 de agua. Queremos saber el volumen total que hay que tener, que llamaremos V, para que con esos 10 litros la concentración sea sólo del 5%. La diferencia con los 100 litros originales será la cantidad de agua a añadir. Tendremos pues que:

$$10/V = 5/100 = 0.05$$

de donde V = 200 litros, y hemos de añadir 100 litros de agua. El volumen nuevo ha de ser doble del original.

Con un razonamiento similar es fácil calcular la cantidad de agua que tenemos que añadir para pasar a otras concentraciones (aunque no sean la mitad de la original). Por ejemplo, para pasar al 4%, como tenemos 10 litros del producto original, el volumen total necesario, A, será tal que:

$$10/A = 4/100 = 0.04$$

Con lo que A = 250 litros, y por tanto hemos de añadir 150 litros de agua. Con el mismo procedimiento se puede calcular que para reducir la concentración al 3% hay que añadir unos 233.3 litros de agua, mientras que basta con 66.6 litros para que la concentración sea del 6%.

Problema 3

Queremos tener una fórmula que nos permita resolver problemas como el anterior directamente, sin tener que hacer ninguna clase de razonamientos. Es decir, hay que encontrar una expresión para el caso general que exponemos a continuación. Tenemos V litros de una disolución de un producto al m%. Calcular la cantidad de agua que necesitamos añadir para pasar a una concentración del n% (con n menor que m, por supuesto).

Un pequeño comentario sobre el problema. Cuando tenemos una fórmula, ya podemos resolver todo un grupo de problemas simplemente con sustituir los valores de cada uno de ellos. Se trata de que encuentres la fórmula que nos da la cantidad de agua que hay que añadir para bajar la concentración de las soluciones acuosas. Y añadir que un tipo de problemas similares se puede resolver cuando lo que se trata es de aumentar la concentración de las disoluciones, añadiendo en este caso el producto que se disuelva en el agua. No ponemos ejemplos al respecto, son fácilmente de hallar y se pueden calcular de forma muy parecida.

Caso 4. Medir la pendiente de las subidas o las bajadas

Es lo que aparece en las señales de tráfico: peligro, puerto del 10%; o bien, peligro, atención a los frenos, bajada del 7% (véase Figura 2). ¿Qué significa en este caso el porcentaje?

Parece que la mejor manera para medir la inclinación de un plano sería el ángulo que forma con la horizontal. Pero no es esa magnitud la usada realmente, sino lo que se llama la tangente trigonométrica o pendiente de dicho ángulo; y además en vez de un su forma decimal se elige la porcentual. Pasamos a explicar todo esto[5].

Figura 2

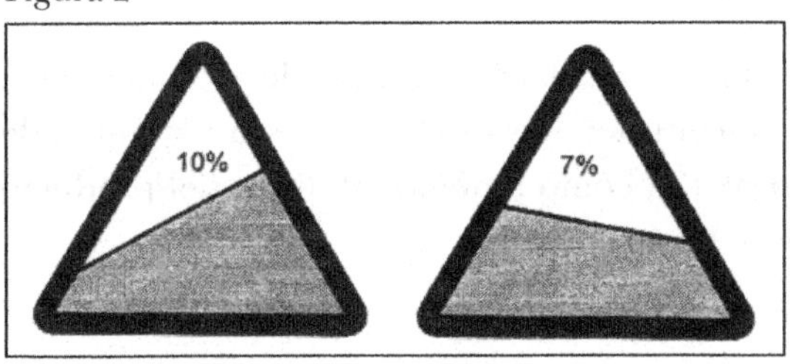

5. Volverán a aparecer las pendientes en el capítulo 7, cuando tratemos de puertos de una vuelta ciclista.

Figura 3

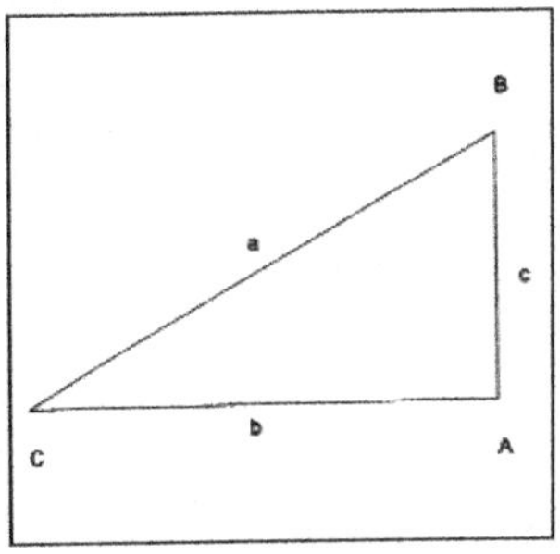

Si tenemos un triángulo rectángulo ABC como el de la Figura 3 cuyo ángulo recto es A, se llama tangente de uno de los ángulos agudos (C o B), al cociente entre el cateto opuesto al ángulo y el cateto contiguo al mismo. Así es (abreviadamente se escribe tan por tangente):

Tangente (C) = tan C = BA/CA = c/b

Tangente (B) = tan B = CA/BA = b/c

Figura 4

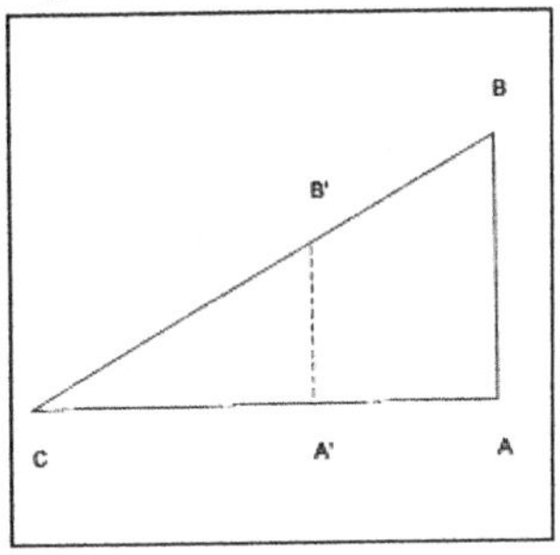

Un primer aspecto a considerar es que la tangente de un ángulo depende sólo del valor del ángulo, y no del triángulo rectángulo en que lo hayamos dibujado. En la Figura 4, si nos fijamos en el triángulo CA'B', en que el ángulo C es igual que en el ABC, será:

tan C = B'A'/CA'.

Pero B'A'/CA'= BA/CA, por el Teorema de Tales (según el cual esos cocientes son iguales si tenemos dos rectas -en nuestro caso CA y CB- cortadas por dos paralelas -y BA y B'A' lo son porque ambas son perpendiculares a CA-). Por tanto la tangente sólo depende del ángulo. Y también es cierto el recíproco: dado un valor para la tangente, existe un solo ángulo (menor de 90º, que es lo que nos interesa para las pendientes) cuya tangente sea ese valor.

Si el plano inclinado (carretera, por ejemplo) del cual tenemos que dar la inclinación es el CB de la figura, y suponemos que CA es horizontal, la pendiente del mismo es la tangente del ángulo C, multiplicada por 100. O dicho en distancias, es el cociente entre la distancia vertical que se ha subido, dividida por la distancia horizontal que se ha avanzado en el mismo tiempo (y no como se suele pensar a veces, el cociente entre la distancia vertical y el total del espacio recorrido, que sería en nuestra figura la distancia CB).

Veamos algunos ejemplos. Si el ángulo C es de 45º (una buena inclinación, sobre todo si tenemos que subirla a pie o en bicicleta), el B también lo será, y tenemos un triángulo (rectángulo) isósceles, por lo que CA = CB. Por tanto la tangente de C es 1 (tan 45º = 1), y se dice que tenemos una pendiente del 100%. Si BA es de 20 metros cuando CA de 400, tan C = 20/400 = 0.05, y la pendiente es del 5% (5 = 0.05*100).

Problema 4

Calcula la pendiente de un plano que forma con la horizontal un ángulo de 30º. Haz lo mismo en el caso de que sea 60º.

Problema 5

¿Es cierto que cuanto mayor es la inclinación de un plano respecto a la horizontal, mayor es su pendiente? En el caso de que la respuesta sea afirmativa, si el ángulo que forma el plano con la horizontal se hace doble (o triple, o cuatro veces mayor...), ¿la pendiente también se dobla (o triplica, o cuadruplica...).

Caso 5. La distribución de los recursos del planeta

En un anuncio que aparece en la prensa de una organización humanitaria no gubernamental (en concreto, Manos Unidas) se dice que: «El 20% de la población mundial disponemos del 80% de los recursos del planeta».

Si estamos algo familiarizados con los porcentajes, nos proporcionan de forma muy sintética, en muy poco espacio, una buena información sobre las desigualdades de la distribución de la riqueza en el mundo. Para intentar extraer esa información, vamos a proponer (y contestar después) algunas preguntas sobre el tema. Situaciones similares, con grandes desigualdades sociales pueden hallarse en libros sobre los diferentes países, sobre todo en el Tercer Mundo, pero también dentro del nuestro, en el caso de los colectivos marginados. Preguntas parecidas pueden formularse en estos casos.

a. ¿Cuántas veces más ricos somos, de media, los habitantes del Primero respecto de los del Tercero Mundo?
b. ¿Podemos dar algunos ejemplos concretos de lo que eso significa en la vida de cada día?
c. ¿Cómo formularíamos esos mismos datos en forma fraccionaria?

Respuestas y comentarios

En matemáticas (sobre todo las escolares) casi siempre a las preguntas hay que contestar con "la" respuesta: sólo hay una correcta, y es la que se pide a los alumnos. En la vida, en general, o no hay respuestas o son múltiples. Y siempre podemos ofrecer puntos de vista diferentes; las matemáticas aportan otros matices que añadir; pero no son el paréntesis que lo cierra todo. Lo mismo ocurrirá con nuestras respuestas, que pueden (y sería conveniente que fuera así) completarse, discutirse, acotarse, y hasta incluso (esperamos que eventualmente) refutarse.

Pregunta a. *¿Cuántas veces más ricos somos, en términos medios, en el Primer que en el Tercer Mundo?*

Una consideración previa es que vamos a hablar de medias, o sea que dentro de cada grupo hay a su vez diferencias bien marcadas. Por ejemplo no es lo mismo la media en Estados Unidos que en España. O dentro de cualquiera de esos dos estados hay grandes diferencias entre los individuos o entre los grupos o clases sociales. Pero por el momento obviaremos todo eso, aun sabiendo que no es poco obviar.

Con los datos que tenemos uno tiende a contestar sobre la marcha que cuatro veces más ricos; basta con dividir 80 entre 20. Total, no mucho más. Pero haríamos mal en dar por bueno ese resultado porque en realidad la diferencia es mucho mayor: los países ricos somos 16 veces más ricos que los del Tercer Mundo. En efecto, cada 1% de la población de los países desarrollados disfruta (o gasta, por lo menos) un 4% de la riqueza mundial; mientras que cada 1% de población del Tercer Mundo dispone solamente del 0.25% (20/80 = 1/4 = 0.25) de la riqueza mundial. Luego la relación es entre 4 y 1/4, es decir, los países ricos, en media, gastamos 16 veces más que los pobres.

Pregunta b. *¿Podemos dar algunos ejemplos concretos de lo que eso significa en la vida de cada día?*

El número anterior, el 16, no deja de ser una cifra. Se trata de dar números más palpables, más próximos, que nos permitan hacernos una idea más clara de la situación. Proponemos dos opciones, una para adultos y otra para niños o adolescentes.

La de los adultos. Ser 16 veces menos rico supone recibir un sueldo de 100 €. mensuales por el mismo trabajo que aquí se remunera con 1 600 €. Basta hacer una pequeña reflexión, en silencio incluso, para ver el abismo que separa uno de otro.

Para alumnos, puede servir un regalo de cumpleaños. Si ahora tiene un valor de unas 16 €, nos trasladamos al Tercer Mundo y eso nos supone pasar a un regalito de sólo 1 €. Aunque la alegría pueda ser la misma (o incluso mayor), que es lo que se suele argüir en estos casos, no cabe la menor duda que el regalo será menos aparente.

Es cierto que habría que añadir algunas correcciones sobre los niveles de precios, pero como marco creemos que nos sitúa un poco mejor.

Pregunta c. *¿Cómo formularíamos esos mismos datos en forma fraccionaria?*

Esto ya es más sencillo y plenamente académico. Sería que «un quinto de la población mundial dispone de los cuatro quintos de la riqueza del planeta». Y así puestas las cosas aún parece más evidente que esa parte es cuatro veces más rica que la otra: basta con dividir 4/5 por un 1/5 para llegar a esa conclusión. No repetimos el razonamiento anterior para ver que en realidad son 16 y no 4.

Caso 6. ¿Quién tiene razón?

Aunque durante todo el año parece muy lejano, siempre acaba por llegar el fin de curso. Y con él también lo hacen los comentarios sobre si se ha aprobado o no, y a quién les ha sucedido cada cosa. También las interpretaciones de los datos que se obtienen, en los que se suele buscar la perspectiva más favorable a nuestros intereses (uno se siente tentado a decir que él no lo hace así, pero es algo que parece marcado en el código genético).

En un colegio que conocemos, los resultados en octavo curso de EGB han sido los que se reflejan en el cuadro adjunto. En él aparecen los aprobados de dos años consecutivos, y se ha distinguido según fueran los alumnos fueran repetidores o no.

	1993		**1994**	
	Matrícula	Aprobados	Matrícula	Aprobados
No repiten	22	12	15	8
Repetidores	3	3	10	9
TOTAL	25	15	25	17

Hasta aquí los datos, que son los mismos para todos. Lo que difieren son las interpretaciones. A continuación reproducimos algunas de ellas.

- *El director del centro*: «El año 94 marca un avance del 13% en el número de aprobados entre nuestros alumnos de octavo. Es otra demostración del buen trabajo que han realizado a lo largo del año los profesores y alumnos. Felicitaciones para todos.»
- *Un profesor del centro*: «Agradezco al director su comentario en lo que me afecta, pero no creo que haya que echar las campanas al vuelo porque la tasa de aprobados no ha crecido más del 8%.»
- *Un alumno*: «Como siempre, los profesores tienen un punto de vista muy extraño. Tanto si se es repetidor como si no, este año las cosas han ido peor que en el 93. No creo que sea cuestión de felicitarse.»
- *Un alumno repetidor*: «No creo que haya que ponerse como el compañero, porque la verdad es que, repitiendo, en el 94 tenías un 35,5% más de posibilidades de aprobar que en el curso pasado.»
- *Otro alumno repetidor*: «En absoluto. Repitiendo este año tenías un 10% menos de posibilidades de aprobar que en el 93.»

Es evidente que los comentarios no sólo difieren algo, sino que parecen ser absolutamente contradictorios. Se trata de analizarlos y de decidir quién de todos ellos tiene razón.[6]

Respuestas y comentarios

Antes de pasar a comentar esas afirmaciones, conviene apuntar que situaciones parecidas a la aquí descrita son más frecuentes de lo que parece. Se dan en la presentación de los resultados económicos de las empresas; en las ventas conseguidas individualmente por cada agente comercial; en la presentación de los resultados en los centros de enseñanza (comparando cada uno de los estamentos o personas del centro con lo que interese); y, como más llamativo, por la publicidad y la trascendencia de los hechos, cada vez que hay elecciones y los distintos partidos analizan los resultados que han obtenido y que siempre han sido positivos, salvo casos de catástrofe flagrante.

Analicemos las diferentes afirmaciones. Parece evidente que todo el mundo, cuando hace una afirmación, sobre todo si conlleva alguna precisión numérica como es nuestro caso, procura analizar los datos y hacer operaciones con ellos. Acto seguido elige la que cree más interesante para él o más llamativa. Por eso vamos a intentar desentrañar cuál es el procedimiento seguido por cada uno.

Para poder hacerlo, vamos a utilizar lo que llamaremos las "Tasas de éxito" (entendiendo por tal el porcentaje de aprobados) del conjunto del curso y de cada uno de las partes en que se divide en los dos años y las relaciones entre ellos.

En los dos años que nos ocupan, las 'Tasas de éxito' serán:

- En 1993: $t_1 = 15/25 = 0.6$, luego del 60%.
- En 1994: $t_2 = 17/25 = 0.68$, por tanto del 68%

Pasemos a ver las variaciones de esas tasas. Podemos considerar la variación absoluta: 68% –60% = 8%. Es lo que dice el profesor. Luego sí que tiene razón.

Pero podemos considerar también la variación relativa, que será el cociente entre la absoluta y la tasa inicial de éxito, es decir $8/60 = 0.133$, luego es del 13.3%, que es lo que afirma el director, incluso quedándose un poco corto. Por tanto el director también tiene razón.

Para analizar ahora los comentarios de los alumnos vamos a calcular las tasas de éxito diferenciando entre alumnos en repetidores y no repetidores.

En el caso de los no repetidores, obtenemos, en 1993, $a_1 = 12/22 = 0.545$,

6. Este caso que aquí representamos es una adaptación (en la forma, que no en los datos) de una actividad que aparece en el excelente libro *Les maths au jour le jour* de J. Lubczanski. París. Cedic, 1985.

luego del 54.5%. En 1994 será $a_2 = 8/15 = 0.533$, es decir el 53.3%.

Para los repetidores, con cálculos idénticos, será, en 1993 $b_1 = 3/3 = 1$, el 100%. Y en 1994, $b_2 = 9/10 = 0.9$, o sea, el 90%.

A la vista de esos números, y como $a_2 < a_1$ y $b_2 < b_1$ se ve que el primer alumno también tenía razón en su comentario.

Pasemos ahora a los repetidores. Uno de ellos es en el 94, con lo que su tasa de éxito es $b_2 = 90\%$. Pero no lo era en el 93, en que su tasa de éxito fue $a_1 =$ $= 54.5\%$. Y como $b_2 = a_1 + 35.5\%$ resulta que también tiene razón.

Y, para no dejarle mal, es lo que le pasa también con el otro repetidor, que también tiene razón puesto que $b_2 = b_1 - 10\%$.

Así pues, *todos tienen razón, pero cada uno se refiere a algo diferente.*

Es interesante destacar que este caso introduce una corriente de sano escepticismo. Aquello de que los números son incontrovertibles (el "dos y dos son cuatro" del habla coloquial como muestra de algo indiscutible), de que una vez que se han hecho determinadas operaciones, si se hacen bien, no se pueden discutir, parece que no siempre funciona. Puede ser una corriente de aire fresco en la seriedad tan pesada que suele rodear a las matemáticas.

Caso 7. El jugador más valioso

El baloncesto es un deporte en el que las estadísticas de cada jugador (lo que se llama "los números" del mismo) tienen gran importancia: cuántos puntos ha obtenido y el porcentaje de aciertos, el número de tapones, rebotes, asistencias, etc. Además es tal vez el deporte que más gusta a los adolescentes. Aprovechando ambas cosas, se pueden realizar actividades en las que se calculen porcentajes. Como la siguiente, en la que, además, se trata de hacer una clasificación de los jugadores que han participado en un partido de baloncesto[7].

«Toma las estadísticas de un partido de baloncesto que aparecen en los periódicos (busca alguno en el que estén para cada jugador los tiros intentados y transformados, así como los rebotes, tapones, etc.). Queremos que encuentres con todos esos datos el Jugador más valioso(JMV) del partido:

1. Propón un baremo para elegir el JMV. Confróntalo con los que propongan tus compañeros y tratad de poneros de acuerdo. Una vez que lo hayáis conseguido, haced una clasificación de los jugadores de los dos equipos siguiendo el baremo que hayáis decidido.

---

7. Una actividad equivalente, pero más compleja, aparece en el trabajo "La prensa en clase de matemáticas" (2), de Fernando Corbalán, *Aula material*, nº 12, mayo 1993.

2. Por si no os ponéis de acuerdo, o para daros ideas, os proponemos el siguiente baremo:
   - Por cada punto, tapón, asistencia, recuperación o falta a favor se sumará un punto.
   - Por cada pérdida de balón o falta en contra se restará un punto.
   - Se sumarán puntos por porcentajes de acierto en los lanzamientos de la siguiente forma:
     - Tiros de campo: menos del 20%, O puntos; entre 20% y 40%, 1 punto; entre 40% y 60%, 2 puntos; más del 60%, 3 puntos.
     - Tiros libres: menos del 40%, O puntos; entre 40% y 60%, 1 punto; entre 60% y 80%, 2 puntos; más del 80%, 3 puntos.
   - Se sumarán puntos por minutos jugados: Menos de 10 minutos, 0 puntos; entre 10 y 20, 1 punto; entre 20 y 30, 2 puntos; más de 30 minutos, 3 puntos.
3. Compara las clasificaciones obtenidas utilizando los diferentes baremos. ¿Hay muchas diferencias?».

No daremos resultados, porque depende de los datos que se han obtenido de la prensa, y de los baremos propuestos. Pero queremos llamar al atención sobre el hecho de que, además de trabajar con los porcentajes, hay que buscar los métodos más apropiados para realizar la clasificación, una de los aplicaciones más importantes en la formación del conocimiento, y que casi nunca se desarrolla en la enseñanza (y cuando se hace es aplicando baremos dictados por el profesor).

Algunos juegos con porcentajes

Hemos dicho antes que una de las dificultades que se detectan en el aprendizaje de los porcentajes es que no se relacionan con sus equivalentes fraccionarios o decimales. Por poner un ejemplo, 25% es lo mismo que 0.25 y que 1/4 (o cualquiera de sus fracciones equivalentes: 2/8, 3/12... y, por supuesto, 25/100). Para interiorizar esas equivalencias puede ser muy rentable la práctica de juegos cuyo fundamento sea justamente esa equivalencia. Presentamos a continuación dos tipos (un dominó y un juego de cartas) que pueden reproducirse y utilizarse cuando se considere conveniente[8].

---

8. Pueden encontrarse más juegos, sobre este y otros temas, así como consideraciones sobre el papel de los mismos en la enseñanza de las matemáticas en *Juegos matemáticos para Secundaria y Bachillerato,* de F. Corbalán. Madrid. Síntesis, 1994. Respecto a los dominós hay también información en *Dominós,* de M. Carrillo y F. Hernán. Valencia. Grupo Cero, 1989.

Dominó de fracciones, decimales y porcentajes

Se utiliza como procedimiento de juego el habitual en el dominó, pero con la diferencia de que se pueden poner en contacto, como iguales, distintas representaciones de un mismo número (tales como 75%, 3/4 o 0.75). Las fichas podrían ser como las de la Figura 5.

Figura 5

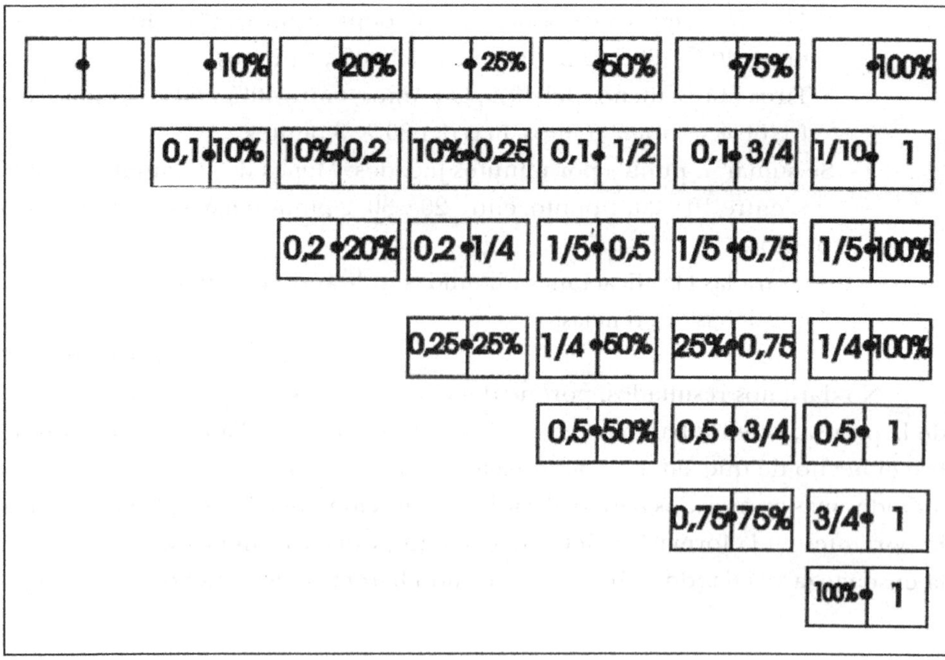

Figura 6

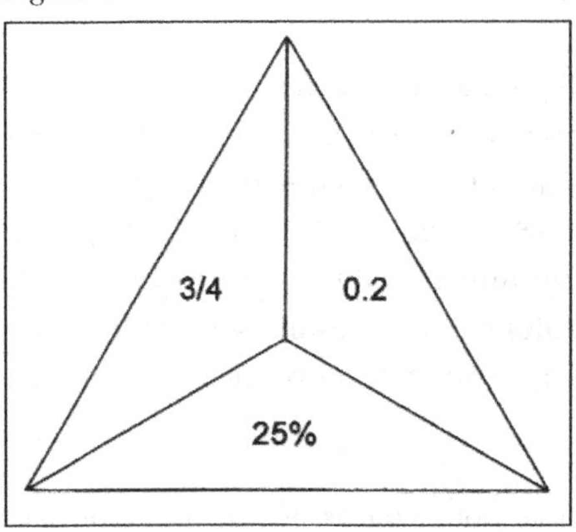

Pueden variarse si se desea las fichas (poniendo otros números u otras expresiones de los mismos). También pueden utilizarse dominós triangulares (ver Figura 6), cuyas fichas son triángulos equiláteros divididos en tres partes iguales, en cada una de las cuales hay un número (en cualquiera de sus tres representaciones: decimal, fraccionaria o porcentual). En este caso se pueden poner fichas en cualquiera de los tres lados del triángulo[9].

9. Para más ideas sobre este tema se puede consultar el artículo "Baraja, bingo y dominó: jugar con las matemáticas", de F. Corbalán y J.M. Gairín, en *Apuntes de Educación*, Abril-Junio 1990.

Baraja de fracciones, decimales y porcentajes

También se puede utilizar un juego de cartas, para ver la equivalencia de las representaciones fraccionaria, decimal y porcentual de un mismo número. El juego se llama "Las pandillas", y pasamos a describirlo.

1. *Descripción del material del juego*

La baraja está compuesta por 55 cartas, que forman 11 pandillas, cada una de ellas contiene cinco representaciones distintas de los números: 0, 1, 1/2,1/3, 2/3, 1/4, 3/4, 1/5, 2/5, 3/5 y 4/5.

Cada una de las pandillas está formada por las representaciones fraccionaria, decimal, porcentual, como parte de una figura y como parte de un conjunto de elementos, del mismo número. En las dos últimas representaciones, tanto las figuras como el tipo y la cantidad de elementos es variable en las diferentes pandillas. La baraja, pues, tiene cinco palos en lugar de los cuatro habituales (ver Figura 7).

Figura 7

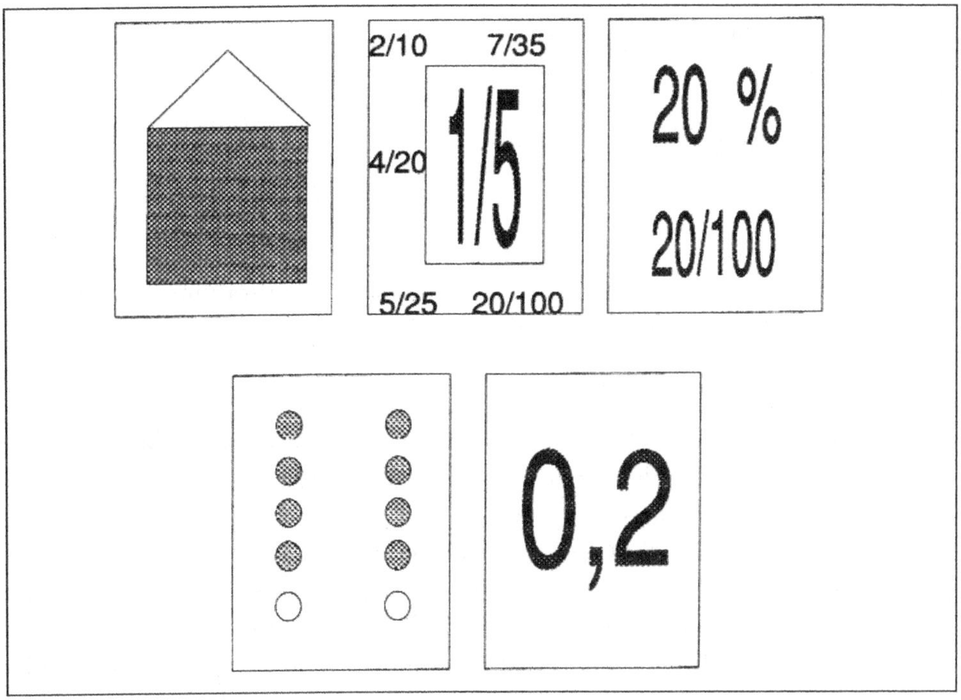

2. *Reglas del juego*

Cuando tengamos dos cartas de una misma pandilla, tenemos una pareja; si son tres, es un trío; cuatro, hacen un póker; y toda la pandilla forma un repóker, o, simplemente, la pandilla.

Se puede jugar con esta baraja a cualquier juego cuyo objetivo sea ligar jugadas como las descritas en el párrafo anterior, del tipo por tanto del Póker o el Rabino. Damos a continuación unas reglas indicativas que se pueden adaptar a voluntad, en función de los alumnos (en particular en cuanto a la forma de acabar las partidas y a la puntuación que se adjudica a cada una de las jugadas).

1. Se reparten cinco cartas a cada jugador y se dejan las que sobran colocadas boca abajo sobre la mesa con la primera levantada.
2. El jugador al que le corresponda el turno puede coger, a su elección, la última carta que haya boca arriba sobre la mesa o la primera de las del montón colocadas boca abajo. Después debe dejar una de sus seis cartas boca arriba en la mesa.
3. El objetivo del juego es agrupar cuatro o cinco de las cartas de la siguiente forma: toda una pandilla; un póker o un trío y una pareja. Cuando un jugador tiene una de las jugadas citadas lo comunica al resto de jugadores y termina la partida.
4. Se calculan entonces los puntos de cada uno de los jugadores según el siguiente baremo:

Pandilla	20 puntos
Poker	15 puntos
Trío y pareja	10 puntos
Trío	5 puntos
Pareja	2 puntos

5. El ganador es el jugador que alcanza una puntuación establecida de antemano o el que consigue mayor puntuación tras un número de partidas prefijadas o un tiempo establecido.

3. *Posibles variantes*

- Puede cambiarse el número de cartas que se reparten a cada jugador; las jugadas que hay que tener para acabar la partida o el baremo de puntuación de las diferentes jugadas.
- Se puede variar el número de cartas de cada una de las pandillas, según las representaciones que interesen. Si se quita una de ellas tenemos una baraja con cuatro palos, que permite jugar a cualquiera de los juegos conocidos. Incluso si se quiere tener el número habitual de cartas de las barajas españolas, que es de 40, basta con quitar una de las pandillas.
- Se puede realizar un juego de ordenación de las cartas del tipo del Cinquillo, con todos los palos de la baraja o sólo algunos de ellos. En cada una de las representaciones o palos hay once cartas, y su orden es el siguiente (en la notación fraccionaria): 0, 1/5, 1/4, 1/3, 2/5, 1/2, 3/5,

2/3, 3/4, 4/5 y 1. Por tanto, hay cinco cartas mayores y cinco menores que 1/2. Las reglas pueden ser las siguientes:

1. Se reparten todas las cartas entre los jugadores (el mismo número a cada uno). Se sortea el orden de salida.
2. El primer jugador tiene que poner la carta equivalente a 1/2 de cualquiera de los palos. Si no tiene ninguna de ellas pasa el turno.
3. Cada uno de los demás jugadores puede optar por poner la carta inmediatamente superior o inferior a la ya colocada en cada uno de los palos o bien poner la carta equivalente a 1/2 de otro palo. Si en alguna jugada no se tiene carta para poner se pasa el turno. Si se tiene carta para colocar, es obligatorio hacerlo.
4. Gana el primer jugador que coloca todas sus cartas.

4. *Objetivos del juego*

- Reconocer el significado y la representación de números fraccionarios y decimales.
- Identificar las representaciones gráfica, decimal y fraccionaria.
- Relacionar las representaciones gráfica, decimal y fraccionaria con el porcentaje.
- Visualizar fracciones equivalentes, destacando la representación más simple: la fracción irreducible.

3. CANTIDADES ENORMES E INSIGNIFICANTES

Al hojear el periódico un día cualquiera nos vemos envueltos en cifras elevadísimas (cientos de miles de millones e incluso billones de pesetas; hectómetros cúbicos de agua...). ¿Qué hacer para manejarlas con comodidad, de manera que se puedan extraer conclusiones de ellas? Pero en nuestra vida también tenemos relación con otras magnitudes francamente pequeñas (el tamaño de los microbios; las diferencias entre los tiempos en las carreras de motos o coches...), que requieren igualmente estrategias de manejo.

Con cierta frecuencia tenemos que relacionarnos con cantidades muy grandes o con otras muy pequeñas: en los medios de comunicación, en los estudios, en los pasatiempos, en algunos problemas de nuestro trabajo... Esa relación no siempre es buena, debido a causas diversas, además de la poca costumbre de tener "negocios" con ellas. Algunas de las que consideramos importantes pueden ser las siguientes:

- No nos hacemos idea del tamaño de la magnitud que aparece, ni de las unidades que se utilizan (cuando se habla de la cantidad de agua que hay en los pantanos que abastecen a una gran ciudad o el conjunto de agua embalsada en todo el país se usan unidades enormes como el hectómetro o el kilómetro cúbicos; cuando se habla de estrellas o galaxias se mide la distancia en años luz).
- Son cantidades tan grandes que nos invitan a no pararnos a pensar en ellas, con lo cual no podremos sacar ninguna consecuencia de las mismas (así sucede cuando se habla de las grandes cifras de la macroeconomía: los presupuestos generales del Estado, de la Seguridad Social, de los entes autonómicos o de los ayuntamientos de las grandes ciudades).
- Los dos aspectos anteriores son aplicables para las magnitudes muy pequeñas, incluso en casos no microscópicos, tales como el peso de un billete de banco o de una brizna de azafrán.

Para tener una mejor relación con esas cantidades, es necesario buscar algunos procedimientos que nos permitan transformarlas en otras que podamos manejar con mayor soltura. En este capítulo trataremos de ello, además de plantear algunas reflexiones sobre cantidades grandes y pequeñas que están a nuestro alrededor.

Números grandes

Si nos preguntan cuántos pájaros había en una bandada que hemos visto pasar volando, difícilmente podremos decirlo con precisión si es un número superior a cuatro; el ojo humano no es un instrumento apto para contar por encima de esta cantidad. A partir de esa cifra ya no "vemos" los números, sino que nos hace falta una elaboración mental. De hecho, en latín sólo se declinaban los tres primeros números, mientras que a partir del cuarto no tenían ni declinación ni género. Algo parecido cuenta el escritor Vargas Llosa que sigue pasando en las tribus de los machiguengas del Amazonas: «Su idioma sólo admitía estas cantidades: uno, dos, tres y cuatro. Todas las demás se expresaban con el adjetivo "muchas"».

A través de la educación adquirimos la posibilidad de comprender cantidades grandes. Pero a veces nuestra capacidad mental no nos permite asimilar el significado completo de algunas de ellas, que escribimos, leemos o sumamos, pero cuyo verdadero alcance no podemos abarcar. Por ejemplo, al leer el periódico o escuchando los informativos de la radio o la televisión nos vemos rodeados por gigantescas cantidades de dinero, sin que nos detengamos a calibrar su dimensión real. Y sería conveniente hacerlo, porque aunque todas sean grandes, también hay diferencias de tamaño. Vamos a fijarnos en una de ellas y a realizar transformaciones que nos pueden servir de pauta en otros casos (y volveremos de nuevo sobre esta cuestión en la página 61, en una situación parecida).

Los presupuestos del Estado y las cifras de otros organismos oficiales se contaban por billones de pesetas (con b, como suelen destacar los locutores, para diferenciarlo de los modestos millones). Un billón es una cantidad elevada, pero ¿hasta qué punto? Aparentemente es fácil decirlo: un millón de millones[1]; o también es, en cifras, un 1 seguido de doce ceros; o si lo ponemos como potencia de 10 nos encontramos con 10^{12}. Pero todo esto nos dice bien poco, en lo que respecta a encontrar alguna referencia palpable.

Aunque no resulte fácil de explicar, es importante hacerse una idea de su tamaño. Podemos acercarnos a su significado si traducimos las cantidades a otras

1. Así es en castellano. Pero conviene tener cuidado cuando aparece la palabra billón en textos que son traducción de originales franceses o sajones: para ellos un billón es un millar de millones. Y no es raro que se deslice el error en las traducciones.

magnitudes que nos pueden resultar más familiares. Por ejemplo: si se reparte un billón de las antiguas pesetas entre los cuarenta millones de españoles, cada uno de nosotros recibiría 25 000 de pesetas (o esa misma cantidad es la que hay que pagar para que el Estado recaude un billón en impuestos). O de otra manera, ¿cuánto tiempo se tarda en contar un billón de pesetas, si se forma con billetes de 10 000 pts. y se tarda un segundo en contar 10 billetes? No es necesaria una gran aproximación, pero si haces operaciones observarás que se tardaría casi 116 días sin dejar de contar ni un sólo segundo. Y aún proponemos otra tercera forma. A nivel popular se suele llamar kilos a los millones, como resultado del hecho de que al parecer el peso de un millón de pesetas en antiguos billetes de mil es de un kilo (si no muy exacto, al menos de manera aproximada[2]). Por eso si se reune un billón en billetes de mil su peso sería de 1 000 000 kilos: ¡un millón de kilos o mil toneladas de billetes de mil! ¡Un regalo envenenado, el de un billón, si hay que cargarlo sobre los hombros!

A veces las cantidades se hacen grandes sin que uno se entere demasiado. La conocida leyenda sobre la invención del ajedrez nos ilustrará sobre ello.

Se cuenta que un rey hindú había caído en un estado de extrema melancolía, de la que ninguna actividad o diversión era capaz de sacarlo. Era tan profunda su depresión que sus próximos llegaron a temer por su vida. Por eso mandaron mensajeros a todos los confines de la tierra para ver si alguien era capaz de encontrar algún medio que lograra sacarle de su apatía. Así apareció un joven llamado Sessa con su juego del ajedrez, que fue de gran agrado del rey, de forma que se hizo un adicto del mismo, y consiguió superar su depresión. El rey quiso premiar al joven inventor, concediéndole lo que le pidiese. Pero Sessa no sólo debía ser avispado inventando juegos, sino también para las cuestiones numéricas, puesto que su deseo fue el siguiente: «Quiero un grano de trigo por el primer cuadro del tablero, 2 por el segundo, 4 por el tercero, 8 por el cuarto, y así sucesivamente, doblando la cantidad cada vez, hasta acabar los 64 cuadros que hay en el tablero del ajedrez». Al rey le pareció una petición razonable, incluso humilde, y no dudó un momento en concedérsela. Y ordenó que se cumpliera el deseo del joven. El problema surgió cuando los sabios de su corte hicieron los cálculos[3] y se los transmitieron:

2. Ver una actividad sobre este tema en el apartado "Algunos casos prácticos" de este mismo capítulo.

3. Se puede rehacer con relativa facilidad esos cálculos. La suma que tenemos que hallar es $S = 1 + 2 + 4 + 8 + ... + 2^{63}$ que es la suma de los términos de una progresión geométrica (sucesión de números en que cada término es igual al anterior multiplicado por una constante, en este caso 2), y que aplicando la fórmula correspondiente es igual a $(2^{64} * 2)-1)/(2-1) = 2^{64} - 1$, que si se quiere calcular exactamente es 18 446 744 073 709 551 615 esto es, casi 18 trillones y medio. El resultado está tomado de *Un, dos, tres... infinito*, de G. Gamow. Madrid. Espasa-Calpe, 1969.

«– Soberano, a pesar de todo tu poderío y tu riqueza, no está en tu mano suministrar tal cantidad de trigo, que se sitúa mucho más allá del conocimiento y del uso que tenemos de los números. Has de saber que incluso si vaciaras todos los graneros de tu reino, el resultado que podrías conseguir sería insignificante en comparación con esta enorme cantidad. Por otra parte, no la podrías reunir ni siquiera entre todos los graneros juntos de todos los reinos de la tierra. Si no renuncias a dar esta recompensa, tendrás que empezar por mandar secar los ríos, los lagos, los mares y los océanos, luego derretir las nieves y los hielos que recubren las montañas y ciertas regiones del mundo, y por fin transformarlo todo en campos de trigo. Y después de haber sembrado 73 veces seguidas el conjunto de esta superficie podrías saldar esta inmensa deuda. Pero, además tendrías que almacenar el trigo en un volumen de cerca de doce billones tres mil millones de metros cúbicos y construir para ello un granero de 5 metros de ancho, 10 metros de largo y de 300 000 000 km. de fondo (es decir una altura igual a dos veces la distancia de la tierra al sol)[4].»

Sobre la reacción del rey hay distintas versiones; es lo bueno que tienen las leyendas, que como son de una veracidad dudosa permiten variar algunos de sus extremos. Según una de ellas, el rey, a la vez que oyó la anterior exposición de sus sabios, aceptó la recomendación de uno de sus consejeros, que ponía a salvo el honor del monarca, que le obligaba a cumplir su palabra, siendo como era imposible hacerlo. Consistía en lo siguiente:

«– Haced que ese astuto bramán caiga en su propia trampa. Proponedle que venga él mismo a contar, grano por grano, toda la cantidad de trigo que ha tenido la osadía de pedirte. Aunque trabajara sin parar, día y noche, a razón de un grano por segundo, sólo recogería un metro cúbico a los seis meses, unos veinte metros cúbicos a los diez años y... una parte insignificante durante lo que le queda de vida.[5]»

Otra versión es todavía más sofisticada, porque hace referencia a un concepto más abstracto, al cual nos referiremos más adelante: el infinito. En ella el rey le dice al inventor:

«Me pides por tu juego maravilloso, que tanto he apreciado, una cantidad de granos de trigo igual a: $1 + 2 + 4 + 8 + ... + 2^{63}$.

¡Poca cosa es para mi generosidad y la valía de tu invento! Por eso te quiero dar más todavía: no limitaré tu petición a un tablero de 64 casillas, sino que la ampliaré a un tablero infinito. Es decir, que lo que te ofrezco es el siguiente número de granos de trigo: $A = 1 + 2 + 4 + 8 + ... + 2^{63} + 2^{64} + 2^{65} + ...$

4. Según la versión de la leyenda de G. Ifrah, en *Las cifras*, ya citada.
5. Tomado también de G. Ifrah, en el libro citado.

Así es que vamos a echar cuentas. Será:

$$
\begin{aligned}
A &= 1 + 2 + 4 + 8 + \ldots + 2^{63} + 2^{64} + 2^{65} + \ldots = \\
&= 1 + (2 + 4 + 8 + \ldots + 2^{63} + 2^{64} + 2^{65} + \ldots) = \\
&= 1 + 2\,(1 + 2 + 4 + 8 + \ldots + 2^{63} + 2^{64} + 2^{65} + \ldots) = \\
&= 1 + 2A
\end{aligned}
$$

Tenemos pues que A = 1 + 2 A, de donde A = -1. O sea que ¡devuelvéme el grano de trigo que me debes!».

En esta respuesta aparece una de las paradojas del infinito, que proviene de operar de la misma forma que se haría con cantidades finitas (en cuyo caso sería irreprochable el cálculo anterior). Pero del infinito hablaremos más adelante. Seguimos ahora con otros números grandes que aparecen cuando medimos distancias, sobre todo las astronómicas[6].

Mientras nos movemos por la tierra, aunque las distancias sean grandes, cada vez se nos hacen más familiares, sobre todo desde que los viajes son más frecuentes. Pero en cuanto queremos referirnos a otros cuerpos empiezan los problemas. Por ejemplo, la distancia media de la tierra al sol es de 150 millones de kilómetros. ¿Cuánto es esa distancia? Es tan enorme que difícilmente nos podemos formas idea, pero vamos a intentarlo. La distancia por carretera entre Barcelona y Bruselas es de unos 1 000 km. Con lo que la distancia de la tierra al sol es de unas 150 000 veces ese recorrido. Una auténtica barbaridad. Y eso que nos estamos refiriendo a la estrella más cercana a nosotros; con las demás todo es mucho más excesivo.

¿Cómo medir esas distancias? Las unidades que se utilizan para la tierra se quedan pequeñas. Necesitamos otras más grandes, y por eso se utiliza el tiempo que tarda la luz en recorrerlas. Veamos cómo. La velocidad de la luz es muy grande, de 300 000 kilómetros por segundo, lo que hace que en las distancias terrestres sea una propagación casi instantánea. Pero no sucede así fuera de ella. ¿Cuánto tarda la luz del sol en llegar a la tierra? Basta con hacer una sencilla división:

150 000 000 km./300 000 km/s = 500 segundos

o, lo que es igual, 8 minutos y 20 segundos. Es decir, la luz que nos llega salió hace más de 8 minutos del sol: eso es lo que se expresa diciendo que el sol está a 500 segundos-luz de la tierra, a la distancia que la luz recorre en ese tiempo. Pero lo que lo complica todo cada vez más es que para medir la distancia a la siguiente estrella más cercana hay que recurrir a una unidad mucho mayor: el año-luz. Su definición es del mismo tipo que en el caso anterior: la distancia que recorre la luz en

6. Nos volveremos a referir a grandes cantidades, en este caso de agua, y a la forma de manejarlas en el Capítulo 8: Sequía e inundaciones.

un año. Y es conveniente detenerse en el hecho de que el año-luz es una unidad de medida de distancias a pesar de su apariencia de unidad de medida de tiempo.

Para poder calcular qué distancia es un año-luz hay que utilizar una notación con potencias de 10. Ya hemos visto en el capítulo correspondiente que multiplicar por una potencia de 10 es equivalente a poner tantos ceros como indica el exponente a continuación del número[7]. Así la distancia de la tierra al sol será de $15*10^7$ km, y la velocidad de la luz de $3*10^5$ km/s. Veamos pues cuánto es un año-luz.

1 año-luz = 365 días * 24 horas * 60 minutos * 60 segundos * $3*10^5$ km/s =
= $946 * 10^{10}$ km.

A pesar de esa cifra gigantesca, la siguiente estrella más cercana a nosotros, Alfa-Centauro, está a más de cuatro años-luz[8]. Y se cree que la galaxia a la que pertenece nuestro Sistema Solar, la Vía Láctea, puede tener unas dimensiones próximas a los 300 000 años-luz[9].

Volvamos a la tierra de nuestro viaje espacial, porque también aquí podemos tener problemas con el tamaño de los números, sobre todo si seguimos volando con la imaginación, si trabajamos con la mente. Para poder trabajar con grandes números se utilizan algunas denominaciones particulares. Así, por medio de la fantasía han surgido nuevos números, con nombres propios, particulares, como por ejemplo el *gúgol*[10], que representa 10^{100}, es decir un 1 seguido de ¡cien ceros! El gúgol es un número extraordinariamente grande. Como hemos visto, al calcular el número de granos de la recompensa del inventor del ajedrez, se obtiene un número de 20 cifras, por tanto mucho menor que un gúgol.

Para acercarnos a la idea de lo que representa un gúgol podemos compararlo con algunas cantidades enormes. Seguro que desde que existe la palabra se han

---

7. Para operar con potencias de 10 se utilizan las reglas habituales con potencias, que se deducen de las definiciones de multiplicación, división y elevación a potencias: para multiplicar potencias de la misma base, se suman los exponentes; para dividirlas se restan los exponentes; y para elevar una potencia a un número, se multiplica el exponente original por ese número.

8. Otra manera de imaginarse lo que todo esto significaría es pensar que el sol podría desaparecer y no nos enteraríamos hasta unos 8 minutos más tarde. O también que tardaríamos más de 4 años en enterarnos de cualquier cambio en la estrella Alfa-Centauro. Y asimismo que todavía estamos viendo, porque aún nos llega su luz, estrellas muy lejanas que hace siglos que desaparecieron.

9. Para consultar distancias relativas al Universo puede utilizarse el libro *De lo infinitamente pequeño a lo infinitamente grande*, de M. Alfonseca. Madrid. Alhambra, 1986, que resulta muy asequible.

10. El nombre gúgol fue inventado por un niño de 9 años al que se le pidió que diera un nombre para un número muy grande, que fuera un 1 seguido de cien ceros. Ver *Matemáticas e imaginación* de E. Kasner y J. Newman. Barcelona. Salvat, 1987.

dicho muchas, pronunciadas por millones de personas a lo largo de miles de años. Pues bien, contando todas las palabras pronunciadas por la humanidad entera, desde su existencia, se estima que han sido del orden de 10^{16}, bastante menor que un gúgol. Un número aproximadamente igual se estima que es el número de palabras que han visto la letra impresa desde que Gutenberg inventó la imprenta. O que el número de átomos de oxígeno que caben en un dedal es de 10^{27}.

Así pues, el gúgol es muy grande. Pero es una nimiedad comparado con el *gúgolplex*, que se define como la unidad seguida de un gúgol de ceros. Por si se quiere reflexionar sobre cómo es de grande un gúgolplex, he aquí algunas aproximaciones: el número de protones existentes en el universo se ha evaluado con un número de 77 cifras. El número total de jugadas del ajedrez es de 10^{1050}. El número de posibles cambios que se pueden dar entre cada dos protones de los que existen en el universo es de 10^{101034}. Números todos ellos muchísimo más pequeños que el gúgolplex. Así pues la mente humana es capaz de imaginar números francamente grandes. Pero a su vez es capaz de superarse a sí misma, como veremos en el apartado siguiente.

El infinito

Muchos de los números que hemos tratado en los párrafos anteriores son muy grandes. Tan grandes que si estuviéramos hablando un lenguaje corriente es fácil que más de uno se sintiera tentado a referirse a ellos como infinitos. Porque ese es el sentido coloquial del infinito: algo muy grande, que excede con mucho las dimensiones habituales. Pero para llegar al sentido matemático del infinito aún tenemos que dar un paso más, porque el infinito es mucho mayor que cualquier número enorme que imaginemos. Es un concepto que requiere una gran gimnasia mental y grandes esfuerzos de imaginación. Desde el punto de vista de las matemáticas es un concepto fundamental y hasta se le ha asignado un símbolo especial, un ocho invertido: ∞.

En la leyenda del inventor del ajedrez gemos tenido un primer encuentro con el infinito (más bien un encontronazo, dadas las absurdas consecuencias; es lo que se llama una de las paradojas del infinito). Otros aspectos del infinito también resultan complicados de entender. Seguramente uno de los que más choca con la intuición es la caracterización más intrínseca del mundo de lo infinito. En él, ¡una parte puede ser igual al todo! Para ilustrar esa idea sobre el infinito, dicen que el gran matemático David Hilbert (1862-1943) contaba en sus clases una historia similar a la que aparece a continuación[11].

---

11. Es adaptación del relato que aparece en *Un, dos, tres... infinito* de G. Gamow. Madrid. Espasa-Calpe, 1969.

«Imaginemos un hotel con un número finito de habitaciones, y con todas ellas ocupadas. Si llega un viajero y pide una habitación, el propietario, aún lamentándolo, tendrá que decirle que no puede darle alojamiento. Pero supongamos ahora que el hotel tiene un número infinito de habitaciones, que están numeradas 1, 2 , 3, 4, 5..., y que, como en el caso anterior, está completamente lleno. También a última hora de la tarde llega un nuevo huésped y pide una habitación. «Por supuesto», le dice el propietario. Y piensa: «Haremos lo siguiente: el huésped de la habitación número 1 se cambia a la habitación número 2, el de la número 2 a la habitación 3, el de la 3 a la 4, etc. Así quedará libre la habitación número 1 y en ella se puede colocar el nuevo huésped.»

Ya estaba resuelta la situación, pero como los problemas nunca vienen solos, aparecieron 1 000 nuevos huéspedes. El dueño otra vez les dijo que no había problema, y pensó cómo actuar. «El huésped de la habitación número 1 pasará a la número 1 001, el de la 2 a la habitación 1 002, el de la 3 a la 1 003 y así sucesivamente. De esta forma quedarán libres las 1 000 primeras habitaciones, en las que se pueden alojar los 1 000 nuevos huéspedes.»

Cuando la situación parecía controlada, aparecieron INFINITOS NUEVOS CLIENTES. A pesar de un momentáneo desconcierto, pronto apareció la solución: «Cambiamos al huésped de la habitación 1 a la 2, el de la habitación 2 lo cambiamos a la habitación 4, el que está en la habitación 3 lo trasladamos a la 6, y así hacemos con todos, los cambiamos de la habitación que ocupan a la habitación que tiene un número doble. De esa forma quedarán libres las habitaciones impares 1, 3, 5, 7..., en las que alojaremos a los infinitos nuevos huéspedes.»

La historia que acabamos de relatar ilustra la diferencia existente entre los conjuntos finitos (los que estamos acostumbrados a usar; los que tienen una cantidad de elementos que podemos contar, por muy grande que sea), y los conjuntos infinitos, que puede resumirse de la siguiente forma: En cualquier *conjunto finito* se cumple que *el todo es mayor que cualquiera de sus partes.* En los *conjuntos infinitos* tiene la característica de *que el todo no es mayor que alguna de sus partes.*

Partiendo de esta singular particularidad de los conjuntos infinitos, es fácil ver que el conjunto de los llamados números naturales 1, 2, 3, 4, 5... tiene infinitos elementos. Pero también hay infinitos números pares 2, 4, 6, 8..., que sin embargo son solamente una parte del total de los números naturales. Y también son infinitos los múltiplos de cinco 5, 10, 15, 20..., que son muchos menos todavía que en el caso anterior.

Fue Georg Cantor (1845-1918), el creador de la aritmética del infinito, quien asignó la letra hebrea aleph (§) con un subíndice que indica el orden del infinito para representar todos estos números. Todos los conjuntos del párrafo anterior son del primer orden de infinitud: alephcero, representado por $\S_0$.

La manera de operar con este número es a la vez sencilla y extraña:

$\S_0 + 1 = \S_0$, $\S_0 + 1\,000\,000 = \S_0$, $\S_0$ + gúgol = $\S_0$,
$\S_0 + \S_0 = \S_0$
$\S_0 * 2 = \S_0$, $\S_0 * 123\,456\,789 = \S_0$, gúgolplex * $\S_0 = \S_0$,
$\S_0 * \S_0 = \S_0$

Se puede resumir diciendo que sumando o multiplicando $\S_0$ por cualquier número finito (aunque sea tan grande como el gúgol o el gúgolplex), o por el propio $\S_0$, se obtiene siempre $\S_0$. Pero las dificultades surgen al tratar de calcular potencias, como la expresión $(\S_0)^{\S_0}$, en cuyo caso aparece un nuevo número transfinito, que se denomina $\S_1$. Y así sucesivamente se llega a los números $\S_2$, $\S_3$, $\S_4$, etc.

No seguimos por nuestro recorrido por el mundo de los infinitos, suficientemente complicado como para producir casi desvanecimientos. Volvamos al mundo que nos rodea, que incluso puede llegar a ser muy pequeño. Y su manejo también tiene sus dificultades.

Números pequeños

Si queremos conocer el tamaño de algunos cuerpos que nos rodean podemos tropezar con importantes dificultades. Si queremos medir el espesor de la hoja que estamos leyendo o la superficie ocupada por una de las letras de la misma o pesar un grano de arroz, excepto que tengamos un instrumental muy sofisticado (lo que no suele ser frecuente), tendremos que utilizar algún procedimiento de cálculo para alcanzar nuestro objetivo. En los tres casos hemos hablado de objetos pequeños, pero observables a simple vista y que se pueden individualizar.

Aún queda todo el mundo de lo no observable directamente. Los seres vivos más pequeños (bacterias, virus...), o los átomos y las partículas que los constituyen. Todos ellos son tan pequeños que durante milenios escaparon a la mente humana, y siguen haciéndolo a nuestros órganos externos de percepción. Y sin embargo tienen una gran importancia, vital en algunos casos, como los virus, tanto por los procesos en que intervienen, como por las potencialidades patógenas que encierran (de las que el tristemente famoso SIDA es el más destacado representante actual).

En el caso de los objetos observables, un buen procedimiento para poder calcular sus dimensiones o su peso consiste en juntar una cantidad conocida de objetos iguales, hasta obtener un conjunto medible con los instrumentos a nuestro alcance, y después dividir el total por el número de objetos. Por ejemplo, si queremos saber el espesor de un folio, basta con hacer un paquete de 500, medir entonces el espesor y dividir por 500. O si queremos saber el peso de un grano de arroz, pesaremos un puñado de granos de arroz y luego contaremos el número de granos que hay en total y haremos la división. O, como hemos visto antes, si un millón de pesetas en billetes de mil pesa un kilo, de ahí se deduce que un billete de mil pesa aproximadamente un gramo.

En cualquier caso, van a aparecer números muy pequeños, y será conveniente utilizar expresiones con potencias negativas de 10. Su definición es la siguiente:

$10^{-n} = 1/10^n$

La expresión decimal de 10^{-n} es de (n-1) ceros a partir de la coma y a continuación un 1. (Por ejemplo, $10^{-7} = 0.0000001$). Y la forma de operar es la misma que en el caso de las potencias de exponente positivo: al multiplicar potencias de la misma base se suman los exponentes; para dividirlas se restan los exponentes.

Según la definición anterior, un milímetro será lo mismo que 10^{-3} metros; y una milésima de milímetro será 10^{-6} metros. Para poder apreciar todos los microbios, y dar sus dimensiones con números enteros, se utilizan divisores del metro menores que el milímetro. En concreto, son los siguientes:

Nombre	**Potencia**	**Valor**
micrómetro	10^{-6}	millonésima
nanómetro	10^{-9}	milmillonésima
picómetro	10^{-12}	billonésima

Utilizando esas unidades, las dimensiones de algunos de los seres microscópicos (que se llaman así porque la única forma de observarlos es mediante el microscopio) más pequeños que se conocen, los virus, medidos en nanómetros, sería[12]:

Virus causante de...	**Tamaño**
Viruela	250
Rabia	150
Gripe	100
Sarampión	100
Fiebre amarilla	30
Poliomelitis	20

12. Tomados del libro *De lo infinitamente pequeño a lo infinitamente grande* de M. Alfonseca, ya citado.

Para hacernos una idea de lo extraordinariamente pequeños que son estos organismos, pensemos por ejemplo en el virus de la viruela: haría falta una hilera de 300 000 ejemplares para llegar a tener una longitud de siete centímetros y medio (y de ese tamaño se verá con un microscopio electrónico que tenga 300 000 aumentos). Para comprender lo que supone esa cantidad de objetos iguales (o de aumentos), pensemos que si una persona (de 1.70 metros de altura) se aumentara 300 000 veces, su altura sería de 510 kilómetros, y su anchura pasaría de 100 kilómetros: tendido en el suelo con la cabeza en Madrid, tendría los pies en Barcelona o en Algeciras[13].

Acabamos aquí nuestro recorrido por las cantidades pequeñas, que todavía podríamos continuar en un viaje que llegaría al átomo y se adentraría en el mismo. Sólo queremos apuntar la necesidad de la práctica con potencias positivas y negativas de 10 para poder realizar con facilidad los cálculos con esas cantidades.

Nos fijaremos ahora en otras cantidades pequeñas: las que resultan de la medida de tiempos, sobre en los deportes de competición: natación, carreras a pie, de ciclismo, de motos o coches. En un principio se medían los tiempos obtenidos en segundos, se redujo después a décimas de segundo, y actualmente se ha llegado a las milésimas en el caso de las carreras de vehículos de motor. Vamos a comentar algo de ellas, y a hacer algunos cálculos sobre las mismas.

En una carrera de 100 metros lisos, que se corre en las competiciones en unos 10 segundos, si suponemos, por simplificar, que se corren a velocidad constante, cada segundo supone 10 metros de distancia, una cantidad enorme; cada décima es un metro, distancia mucho mayor que la que suele haber en las llegadas; y una centésima es una diferencia en la llegada de 10 centímetros, algo perfectamente apreciable. Si se tiene en cuenta que la salida es parada, y que por consiguiente al principio la velocidad es menor, resulta que las distancias por cada unidad de tiempo que hemos calculado más arriba, son menores que las que se dan en la realidad. Luego es necesario recurrir a esas subdivisiones del segundo.

Si eso es así en las carreras a pie, mucho más sucede en las carreras de motos o coches. Supongamos que en una carrera de motos en un circuito en la que la velocidad media es de unos 150 km/h, dos corredores ruedan con una diferencia de tiempo de 1 segundo por vuelta. Si en un momento dado están igualados, ¿a qué distancia se separarán en cada vuelta? Si en una hora se recorren 150 km, en cada minuto se hacen 2.5 km, y en cada segundo la sesenta va parte, es decir 41,67 metros, lo cual supone que se alejan con rapidez. Visto el desarrollo de las carre-

13. *De lo infinitamente pequeño a lo infinitamente grande*, de M. Alfonseca, ya citado. Veremos también en el capítulo 8 cómo pequeños gastos de agua (un grifo que gotea) suponen a lo largo del tiempo (en ese caso un año) a suponer cantidades importantes.

ras, se ve que no hay una diferencia tan grande entre los pilotos (sobre todo en los entrenamientos, que determinan el orden de salida en las carreras), y por eso hay que utilizar unidades menores que el segundo, para poder establecer el orden de salida: por eso se recurre hasta a las milésimas de segundo.

Algunos casos prácticos

Ya hemos hecho algunas referencias a casos concretos en los apartados anteriores, pero ahora nos dedicaremos en exclusiva a casos prácticos. Hay que recordar que únicamente deben tomarse como pautas (a las que añadir cuanta más imaginación mejor y que sirvan además para incitar a explorar otras vías) y no como recetas aplicables directamente a cualquier situación que tenga algún parecido con las que se proponen. Hay que procurar, cuando se transforman para su manejo números grandes, cambiar las equivalencias que se utilizan, porque si se repite siempre la misma se pierde el efecto positivo que supone el tener que reflexionar sobre el número concreto (muy grande o muy pequeño) cuya magnitud queremos poner de manifiesto.

¿Cuál es el grosor de una de las hojas que utilizamos para escribir?

Parece claro que ninguno de los instrumentos de medida que existen en el centro ni en nuestras casas sirven en absoluto para llegar a tener una medida fiable de un grosor tan pequeño. ¿Qué hacer? Puesto que los procedimientos de fabricación aseguran que todas las hojas tienen prácticamente el mismo grosor, bastará con hacer un paquete suficientemente grande de hojas como para que podamos medir con fiabilidad su tamaño, y a continuación dividir esa medida por el número de hojas.

Por ejemplo, y si queremos hacer fáciles los cálculos, basta con hacer un paquete de cien hojas y dividir por cien. O si queremos que sea más fácil de realizar basta con medir un paquete de los que venden en las papelerías (que suelen ser de 500 hojas) y no tenemos que contarlas (y por supuesto que ahora habrá que dividir por 500).

Dos advertencias si queremos obtener resultados con bastante precisión. No habrá que medir la envoltura del paquete, que suele ser bastante gruesa y variaría el resultado. Y no hay que conformarse con una sola medida del grosor del paquete; habrá que hacer varias (a ser posible cada una por una persona) y tomar como medida la media aritmética de todas ellas, con lo que se compensan los errores.

El peso de un billete

Si queremos saber cuánto pesa un billete (por ejemplo de los antiguos de mil pesetas), nos enfrentamos a un problema similar al del caso anterior: no tenemos balanzas tan precisas como para pesarlo. Podríamos recurrir a las balanzas de precisión del laboratorio de Ciencias Experimentales, pero también nos puede servir un método parecido al anterior.

Así se explica esa expresión popular de referirse a los millones de pesetas como kilos, que responde a que el peso de un millón de pesetas en billetes de mil pesetas es aproximadamente un kilo. Es conveniente (y se puede hacer con facilidad) comprobar si es verdad, o cuánta aproximación se obtiene.

Si fuera así, tendríamos que un billete de mil pesetas pesaría 1 gramo (la milésima parte de un kilo). Y 1 000 millones pesarían una tonelada. Y si los beneficios de una determinada gran empresa son de 25 000 millones de pesetas, si los materializáramos en billetes de 1 000 pesetas supondrían el nada despreciable peso de 25 toneladas: necesitaríamos un camión de tamaño mediano para transportarlos. O si nos dijeran que nos podíamos llevar todo el dinero que pudiéramos transportar por nosotros mismos en un saco, de ninguna manera llegaríamos a 1 000 millones de pesetas.

Con posterioridad a la popularización del kilo han aparecido los billetes de 2 000, 5 000 y 10 000 pesetas, que alivian mucho la tarea de acarrear los millones. Proponemos ahora calcular el peso de cada uno de esos billetes. Aunque en este caso hay un problema añadido; si bien era sencillo tener 500 folios, no lo es tanto tener a mano 100 o 500 billetes grandes. ¿Se puede resolver de alguna manera? Podríamos proceder de la siguiente manera. En primer lugar, se busca el mayor número de billetes que se pueda conseguir (por ejemplo 10 o 20). Hallamos su peso equivalente con papel, y después doblamos o triplicamos el peso hasta que podamos obtener una cantidad fiable.

Cómo transformar grandes cantidades de dinero

«Hace unos años, la deuda del Ayuntamiento de una determinada ciudad, cuya población eras de medio millón de habitantes, era de 60 000 millones de pesetas. ¿Cómo podemos hacer entender a los ciudadanos y ciudadanas lo que representa esa cantidad?»

Hay que hacer una primera observación antes de iniciar el comentario. En la realidad nunca encontraremos unas cifras tan redondas, tan exactas como las que aquí proponemos. Para hacerse una idea basta con hacer un redondeo de las cantidades reales. El comentario puede parecer superfluo, pero hay que tener en cuenta que uno de los síndromes más arraigado de las educación matemática (que debe de ser transmitido por los profesores de matemáticas, ¿por quién si no?) es el de la exactitud. Y no es nada fácil acercarse a una situación como la que acabamos de proponer si tenemos como datos una población de 493 874 habitantes y una deuda de 61 342 458 089 pesetas (es un ejemplo de la adaptación matemática del conocido refrán que afirma que los números nos impiden ver el problema). Y además las variaciones que suponen son irrelevantes. Todo ello sin tener en cuenta que en general datos tan exactos no se tienen nunca, porque no se pueden tener y porque, aunque se tuvieran no interesan.

Proponemos algunas transformaciones de esa cantidad, del tipo de las que ya vimos en el apartado sobre los números grandes. Podemos dividir equitativamente la cantidad por el número de habitantes. Eso nos lleva a que cada uno de los sufridos ciudadanos tiene sobre sus espaldas la cantidad de 120 000 pesetas de deuda del ayuntamiento. Si hablamos con adultos ya hemos acabado nuestro recorrido: 120 000 pesetas es una cantidad próxima para ellos, que les permite hacerse una idea de lo que representa. Pero si estamos con niños o adolescentes, 120 000 pts. es una cantidad todavía muy alejada de su vida diaria; tal vez no tanto como los 60 000 millones, pero no familiar. Por eso habrá que hacerla más pequeña. Por ejemplo, si tienen una asignación de 1 000 pesetas semanales, necesitarían la asignación íntegra de 120 semanas (más de dos años) para pagar su parte de deuda. Y si sólo dieran la mitad de su paga para poder así hacer ellos algo de vida social, tendrían que invertir esa cantidad semanal durante casi cinco años.

Llegamos así a otra observación interesante. Al hacer transformaciones para hacer más inteligible una cantidad no tenemos que tomar en cuenta solamente nuestra propia práctica y nuestro entorno, sino los conocimientos y la vida de aquellos a los que va dirigida la tranformación, en la línea de lo que hemos comentado en el párrafo anterior. Por eso habrá que tener en cuenta si el entorno en el que estamos es urbano, rural, marinero...; así como el nivel económico de los destinatarios para llegar a cantidades cercanas y a contextos próximos para ellos.

Otra posibilidad de transformación de los 60 000 millones consiste en calcular el tiempo necesario para pagar esa cantidad haciendo pagos fijos en plazos determinados. Por ejemplo, si se paga un millón de pesetas diario, ¿cuánto tiempo se tardará en saldar la deuda? Dividiendo 68 000 entre 365 días del año, nos sale la friolera de más de 186 años. Hay que pagar más rápidamente. Propongamos un millón cada hora. Hay que dividir de nuevo 186 por 24. Y nos queda ¡casi 8 años pagando un millón de pesetas cada hora para cancelar la deuda! De esta manera se ve un poco más la enormidad de la cantidad, a la vez que se hace más cercana (por lo menos un poco). Y en todos los cálculos anteriores no hemos tenido en cuenta que de todo el dinero que se debe hay que pagar intereses, lo que hace que realmente esos plazos sean mucho mayores.

Las transformaciones anteriores permiten ver un poco mejor el tamaño de los grandes números. Si la deuda fuera de 600 000 millones, serían 80 años pagando. O nos tocaría a 1 200 000 pesetas a cada uno. ¡O 50 años pagando media paga semanal! Aunque finalmente encontramos un consuelo: ¡ciertamente a esas edades ya nadie nos dará la paga semanal!

No hay que caer en la tentación, como decíamos en una observación anterior, de ser exactos y tener en cuenta los años bisiestos o los decimales de las divisiones. Aunque no hay que extrañarse si algunos escolares lo hacen: es el resultado del síndrome de la exactitud tan arraigado en matemáticas y al que ya nos hemos referido.

Y en todo caso, y para terminar, mucho ojo con los grandes números y los cálculos con ellos, no sea que se deslice algún error millonario, como es frecuente en noticias de los periódicos, como una muestra de lo que suele pasar en la sociedad[14].

Transformaciones de grandes cantidades de dinero del tipo de las que acabamos de realizar en este caso se pueden hacer para entender el coste (vía impuestos) de los servicios sociales o de los organismos públicos. Mejor que decir, por ejemplo, que una determinada televisión autonómica tiene un presupuesto anual de tantos millones es dividir por el número de potenciales receptores y calcular la cuota de enganche. Así cada ciudadano podría hacerse una idea con facilidad de la pertinencia del servicio en cuestión.

14. Este caso es una modelización de lo que sucede en el Ayuntamiento de Zaragoza, cuya deuda en el año 93 era de 68 000 millones de pesetas. Para hacer comprensible a los ciudadanos esa cantidad, un concejal llegó a la conclusión de que sería necesario pagar «un millón de pesetas por segundo durante 2156 años» (ver el periódico *Heraldo de Aragón* del 15/enero/93). En realidad lo que habría que pagar es una peseta por segundo durante ese mismo tiempo, como se puede comprobar haciendo las operaciones. ¡Un "ligero" error!

4. LOS CAPICÚAS Y OTROS NÚMEROS ESPECIALES

Un paseo por el mundo de unos números cuyo nombre es una de las pocas palabras castellanas de origen catalán, y que se buscan y coleccionan (por la gente más diversa) en las fechas, en los billetes de autobús o de lotería. ¿Cuántos hay? ¿Cuánto suman? Expresiones que resultan. Y algo parecido con otros números con alguna peculiaridad (primos, amigos, perfectos...), unos recientes y otros con varios siglos a sus espaldas.

Las características generales y la génesis del sistema de numeración que utilizamos habitualmente, el de base 10, ya fueron objeto de nuestra atención en el capítulo primero. Y otros aspectos de las operaciones y el manejo de los números se han tratado en los capítulos 2 y 3. Seguimos buceando en el mundo de los números, pero ahora mediante el estudio de números que cumplen unas determinadas propiedades, definidos en general de manera sencilla, pero cuyas cualidades son a veces un tanto ocultas, se resisten a aparecer en la superficie.

Hay muchos tipos de números, unos más "serios" (como los primos), en el sentido de que se vienen estudiando por sesudos científicos y han dado lugar a resultados que se han aplicado a profundas ramas del saber, y otros más "ligeros" (como los capicúas), porque nadie los toma con solemnidad, pero que no por ello dejan de buscarse con ahínco, y también proporcionan alegrías cuando se encuentran (quizá no muy profundas, pero sí a mucha gente). Algunos de estos números arrastran tras de sí siglos de existencia y otros son bastante más jóvenes.

Pero todos ellos tienen propiedades que es interesante buscar. Quizá no tengan una gran importancia dentro de las matemáticas, pero para quien las encuentre sí que significarán algo, porque es él quien lo ha hecho, sin que nadie le haya contado cuáles son esas propiedades; habrá empezado a vislumbrar los placeres de la investigación, aunque sea a un nivel modesto, por el hecho en sí mismo y por el mejor conocimiento del sistema de numeración y de los propios números que proporciona. Las elecciones posibles son diversas. Las que aquí se proponen aparecen en los siguientes apartados de este capítulo.

Nos gustaría que no fuera un fin en sí mismo, sino que sirvieran de acicate para seguir explorando por el gratificante territorio de la teoría de números, posiblemente una de las ramas de las matemáticas de menor aplicación inmediata en aspectos prácticos, pero de las más accesibles (al menos al principio), y de las que más placer y disfrute intelectual proporcionan.

Puesto que la vida real, la vida misma civilizada tiene que incluir también esos aspectos estéticos y placenteros, dedicamos aquí un capítulo a los distintos tipos de números, como otra de las formas de abrir las posibilidades de las pequeñas investigaciones, preludio quizá de empeños mayores. En todos los niveles de conocimiento y a cualquier edad se pueden (y es conveniente) realizar investigaciones, también en matemáticas, para llegar por uno mismo a los resultados. Este capítulo es una invitación a comenzar ese recorrido.

Capicúas

Capicúa es una de las pocas palabras castellanas de origen catalán, y sin duda es la única en el terreno de las matemáticas. Pero su sentido es muy claro, expresa la idea, la definición de estos números, de una forma muy gráfica, muy intuitiva: los capicúas son los números cuya cabeza (cap) y cuya cola (cua) son iguales. O dicho de otra manera, los que da lo mismo leerlos de derecha a izquierda que de izquierda a derecha. Así, son números capicúas el 121, el 2 345 432 o el 433 334.

El poder de atracción que tienen estos números, como muchas otras inclinaciones del ser humano, es difícil de explicar. Pero lo que es evidente, y comprobable por doquier, es que muchas personas buscan, se fijan y hasta incluso coleccionan estos números en los objetos más diversos: billetes de banco; entradas de espectáculos; billetes de medios de transporte; matrículas de coches...

Los adolescentes son de los más interesados en estos y otros temas similares. Es otra de las facetas de la realidad, de la vida corriente, de la vida misma, que no siempre tiene que ser ni palpable ni utilitaria. Puede ser una buena fuente para comenzar el estudio del tema, de este tipo de números, porque a partir del mismo se obtienen cosas matemáticamente interesantes, que tienen que ver con el sistema de numeración decimal, con un mejor conocimiento del mismo, pero también con sucesiones numéricas y con la suma de las mismas.

Miremos primero cuántos capicúas hay. Parece conveniente iniciar la exploración poniendo algunos límites. Por ejemplo, capicúas menores que algún número dado o con una limitación en el número de cifras. Es decir, el número de capicúas de 2, 3, 4, 5... cifras (sin considerar como tales los ceros a la izquierda; o sea, que 004 565 es un número de cuatro cifras). Se puede obviar los números de una cifra (de 0 a 9, porque realmente sería un poco forzado considerarlos capicúas). De dos cifras, ¿cuántos habrá? Claramente nueve: 11, 22, 33,..., 77, 88, 99. De tres cifras pueden buscarse también directamente, pero tal vez es más rentable (para continuar depues la búsqueda) pensar en cuántos capicúas se pueden obtener a partir de cada uno de los de una cifra. Elijamos uno, por ejemplo 55. ¿Cómo podemos obtener capicúas de tres cifras a partir de él? Muy fácil; basta con colocar una cifra cualquiera entre los dos cincos: 505, 515, 525,..., 585 y 595. Luego se obtienen 10 capicúas del 55; y lo mismo pasará con cada uno de los otros ocho. Por tanto, hay 90 capicúas (9*10) de tres cifras.

Avancemos un paso más. ¿Cuántos habrá de cuatro cifras? Miremos, como antes, cuántos se pueden formar de cada uno de tres cifras. Sea el 383. Si queremos obtener uno de cuatro cifras, la única posibilidad es poner otro 8; en todos los demás casos no sale otro capicúa. Y lo mismo pasa con el resto de los capicúas de tres cifras. Luego tenemos un resultado a primera vista sorprendente: *hay el mismo número de capicúas de cuatro cifras que de tres cifras.*

Pero a poco que reflexionemos sobre el proceso de formación de los capicúas veremos que eso va a pasar siempre. En el siguiente paso, cinco cifras, habrá de nuevo 10 capicúas por cada uno de cuatro, es decir 900. Pero habrá también 900 capicúas de seis cifras, es decir, el mismo número que de cinco. Y esa misma ley de formación se mantendrá al aumentar el número de cifras.

Esos resultados aparecen en la tabla siguiente, en la cual además aparece otra fila con la cantidad total de capicúas cuyo número de cifras es igual o menor que el que aparece en la cabecera de la columna. La ley de formación de estos números, a partir del tercero, también es clara: se añade un cero a continuación del 1 de la izquierda y en el siguiente paso se cambia por un 9. Así, los dos términos siguientes (que corresponderán al total de los capicúas cuyo número máximo de cifras es 9 o 10) serán 109 989 y 199 989.

Nº cifras	2	3	4	5	6	7	8
Nº capicúas	9	90	90	900	900	9 000	9 000
Nº total	9	99	189	1 089	1 989	10 989	19 989

Hasta ahora hemos buscado la cantidad de capicúas poniendo limitaciones al número de las cifras. ¿Es evidente que, si no ponemos ninguna limitación, el número de capicúas es infinito? Aún suponiendo que a estas alturas de la discusión sea evidente la respuesta (afirmativa) a la pregunta anterior, la mejor forma de contestarla es dando razones que la hagan más evidente todavía. ¿Cómo podemos, pues, hacer ver que hay infinitos capicúas? Una manera de hacerlo es mostrar que la sucesión de números capicúas no tiene fin, que no existe un número que sea el mayor de todos los capicúas. O dicho de otra manera, que dado un capicúa cualquiera, siempre podemos encontrar otro capicúa mayor.

Veamos que eso puede hacerse siempre. En efecto, si tenemos un capicúa con un número par de cifras (como 235 532, que tiene seis), para obtener otro capicúa mayor basta con escribir en medio de número (es decir, después del grupo de cifras que se repite a continuación en orden inverso) una cifra cualquiera (que puede ser incluso el 0. En el ejemplo anterior tendremos 2 350 532 en este caso, o, en vez del cero, cualquier otra cifra. Todos los números así obtenidos son capicúas y mayores que el capicúa del que partíamos). Si el capicúa tiene un número impar de cifras (como 53 835), basta con repetir la cifra central para obtener otro capicúa mayor que el dado (en el ejemplo, 538 835). Luego, efectivamente, la sucesión de números capicúas es indefinida, porque dado un capicúa cualquiera siempre hay otro capicúa mayor que él.

Problema 1

Número de capicúas según las cifras. Observando la tabla anterior podemos encontrar el número de capicúas que hay hasta un máximo de 8 cifras. Si quisiéramos saber para cualquier otro número mayor (muy grande, por ejemplo de 184 cifras) tendríamos que seguir la tabla hasta ese lugar (lo cual es evidentemente muy pesado), o bien encontrar una expresión que nos indique cuántos capicúas hay conocido el número n de cifras que tienen los números (que es lo que se llama encontrar el término general de la sucesión). Eso es justamente lo que pedimos que hagas.

Suma de capicúas

Ahora que ya hemos hecho un pequeño recorrido por el mundo de los capicúas quizás nos han entrado ganas de continuar el viaje, tal vez porque hayamos encontrado regularidades, o por alguna otra razón, o simplemente porque no tenemos un territorio mejor por el que desplazarnos.

Caso de que continuemos viaje, te proponemos una dirección que tal vez (así lo esperamos) sea gratificante. Se trata de la obtención de la suma de los capicúas que hemos ido encontrando en el párrafo anterior. ¿Preparados? Adelante, pues, que vamos a encontrar muchas regularidades, y procedimientos simplificadores para hallar el resultado de (algunas) sumas muy largas.

Al igual que en el apartado anterior, iremos haciendo las sumas para los capicúas con un número dado de cifras, empezando por dos, para intentar encontrar un resultado general. En este primer caso de dos cifras la suma puede realizarse de cualquier manera y el resultado se obtiene con facilidad: son sólo 9 sumandos y pequeños. Pero si queremos buscar procedimientos que nos faciliten la tarea y que nos sirvan más adelante, cuando las cosas no sean tan fáciles, lo mejor es que comencemos cuanto antes.

Se trata de obtener el resultado de la suma S = 11 + 22 + 33 +...+ 77 + 88 + 99. Proponemos dos formas de hacerlo. En primer lugar, sumamos separadamente las unidades y las decenas: el resultado será el mismo, 45. Puesto que las decenas representan diez veces su valor, tendremos que S = 45 + 10 * 45 = 495 = 45 * 11 .

Una segunda posibilidad, más fecunda, es la siguiente[1]. Si en la suma S agrupamos los números de otra manera se tiene que S = (11 + 99) + (22 + 88) + (33 + 77) + (44 + 66) + 55 = 110 + 110 + 110 + 110 + 55 = 440 + 55 = 495. Es decir, que podemos agrupar los números de manera que su suma sea la misma, como pasa en los paréntesis que hemos hecho.

Con alguno de esos procedimientos (sobre todo el segundo) estamos en condiciones de sumar los 90 capicúas de tres cifras. Tendremos que obtener la suma, que llamaremos T, de todos los números que aparecen a continuación:

101	111	121	....	171	181	191
202	212	222	....	272	282	292
....	....	....	....	....	....	....
808	818	828	....	878	888	898
909	919	929	....	979	989	999

Podemos agruparlos de dos en dos, el primero y el último; el segundo y el penúltimo; el tercero y el antepenúltimo... y así sucesivamente. Se obtendrá:

T = (101 + 999) + (111 + 989) + (121 + 979) + ... + (202 + 898) + ... + (282 + 818) + ... + (505 + 595) + ... + (545 + 555)

Cada uno de los paréntesis tiene el mismo resultado: 1 100. Y el número de paréntesis es la mitad del total de capicúas de tres cifras, es decir, 45. Por tanto: T = 1 100 * 45 = 49 500 = 45 * 11 * 100.

En el caso de los 90 capicúas de cuatro cifras, se pueden hacer, de manera análoga, 45 agrupaciones de dos capicúas (1 001 + 9 999; 1 111 + 9 889; 1 221 + 9 779...), cada una de las cuales suma 11 000. Por tanto la suma U de todos esos capicúas será: U = 11 000 * 45 = 495 000 = 45 * 11 * 1 000.

Sigamos adelante, aunque ya se inducen los resultados. Son los que aparecen en el cuadro siguiente, en el que en la columna suma total figuran los resulta-

1. Es conocida la anécdota atribuida a Gauss, uno de los grandes matemáticos de la historia, que cuenta que cuando era un niño de unos diez años, al proponerle que obtuviera el valor de la suma de todos los enteros desde 1 hasta 100, rápidamente dio el resultado: 5 050. Al preguntarle cómo lo había hecho contestó que con gran facilidad, puesto que teniendo en cuenta que 1 + 100 = 2 + 99 = 3 + 98 = 4 + 97 = ... = 101, y se pueden hacer 50 de esas sumas, se obtiene que la suma total es 50 * 101 = 5 050.

dos de la suma de todos los capicúas cuyo número de cifras es menor o igual que el que se indica.

Nº cifras	Suma de capicúas	Suma total
2	45*11	45*11
3	45*1 100	45*11(1+100)
4	45*11 000	45*11(1+100+1 000)
5	45*1 100 000	45*11(1+100+100 000)

O por dar una expresión general:
SUMA DE TODOS LOS CAPICÚAS =
$45*11*(10^0 + 10^2 + 10^3 + 10^5 + 10^6 + 10^8 + 10^9 + ...) = 45*11*$ (... 1 101 101 101)

En esta expresión el número del paréntesis tiene tantos unos como el número máximo de cifras, menos 1. Empieza por la derecha por 1, 0 y luego hay secuencias repetidas de dos unos y un cero.

Problema 2

Aquí hemos desarrollado una manera de sumar los capicúas de tres cifras y hemos aprovechado las regularidades de la suma común de cada dos parejas. Existen muchas otras formas de obtener esa misma suma, teniendo en cuenta otras regularidades (sumando por filas, por columnas...). Te invitamos a investigar cuáles son y a adoptar la que consideres más rentable o más atractiva.

Problema 3

La cualidad de capicúa no es algo intrínseco a los números (como sucede con los números primos, por ejemplo, a los que nos referiremos a continuación), sino que depende del sistema de numeración de utilicemos. Es decir, que un número (por ejemplo 33) puede ser capicúa en base 10, y lo normal es que no lo sea en otras bases (33 escrito en base 10 es lo mismo que 113 en base 5, que obviamente no es capicúa). Pero hay algunos números que son capicúas en más de una base de numeración. Busca algunos ejemplos.

Problema 4

Hemos visto que hay capicúas con un número par de cifras (como 138 831) y otros cuyo número de cifras es impar (13 831, puede ser un ejemplo). Fijémonos en los primeros. Se trata de demostrar que todos ellos son múltiplos de 11.

Primos, perfectos y amigos

Con el nombre de Escuela Pitagórica se conoce a una corriente filosófica, y matemática por tanto, fundada por Pitágoras, que vivió en la Grecia clásica, en el siglo VI antes de Cristo, hace unos 2 500 años, y que dió nombre a uno de los resultados matemáticos más conocidos a nivel popular: el Teorema de Pitágoras. Uno de los ejes fundamentales de su pensamiento era que todos los fenómenos del universo se podían explicar mediante números. Por esa razón en la Escuela Pitagórica se dedicaron a la exploración de los números, de sus propiedades, y de sus relaciones con otras ramas del saber, como la Geometría o la Música. Y fueron ellos, en esa búsqueda, los que definieron y estudiaron muchos tipos de números; algunos tan interesantes que su estudio se ha continuado hasta nuestros días y que han dado lugar a resultados matemáticos muy importantes y a aplicaciones prácticas insospechadas.

En este apartado nos ocuparemos de tres de esos números: los primos, los perfectos y los amigos. Pero antes de nada conviene detenerse en los nombres que les asignaron, que indican una relación cercana, familiar, con los mismos, y de aproximación con interés e intentando desentrañar sus características profundas. Quizá es la mejor manera de acercanos a ellos si queremos que nos hagan partícipes de sus secretos.

En los tres casos que vamos a tratar haremos referencia a los divisores de un número. Decimos que un número a es divisor de otro b cuando al dividir b entre a el resultado es exacto (y también se dice entonces que b es múltiplo de a). Así 5 es divisor de 15 y de 20, pero no lo es de 16 ni de 14.

Números primos

Un número cualquiera tiene al menos dos divisores: él mismo y el 1. Si son sus únicos divisores, diremos que el número es *primo*. Si además tiene otros divisores, al número se le llama *compuesto*.

Algunos ejemplos de cada uno de los casos:

- 7 es un número primo, puesto que sólo da resultado exacto al dividirlo por 1 o por 7, que son por lo tanto sus únicos divisores. Otros números primos son 5, 11, 13, 79 o 97.
- 48 es un número compuesto, puesto que da de resto 0 al dividirlo por 1, 2, 3, 4, 8, 12 y 48. Otros son 6, 25, 46 o 93.

El estudio de las propiedades de los números primos y compuestos (que se conoce con el nombre de *divisibilidad*), ha dado lugar a una gran cantidad de resultados matemáticos, muchos de ellos de gran belleza, aunque no siempre tengan lo que se suele llamar utilidad práctica. Vamos a estudiar algunos aspectos de los números primos.

El matemático y filósofo griego Eratóstenes, en el siglo III a. C., escribió en una plancha metálica tres o cuatro mil números y fue contando de dos en dos primero, con lo que tenía los múltiplos de dos, que por tanto no eran primos e hizo agujeros en los lugares correspondientes; luego contó de tres en tres e hizo nuevos agujeros; luego cada cinco, y así sucesivamente. Los números no tachados, los que quedaban, eran los primos. Es el primer método que registra la historia para obtener los primos: la conocida "criba de Eratóstenes"[2].

Otra forma sencilla de encontrar los números primos menores que una cantidad (en nuestro caso 100) es la propuesta por K. P. Swallow , y que te mostramos a continuación:

Figura 8

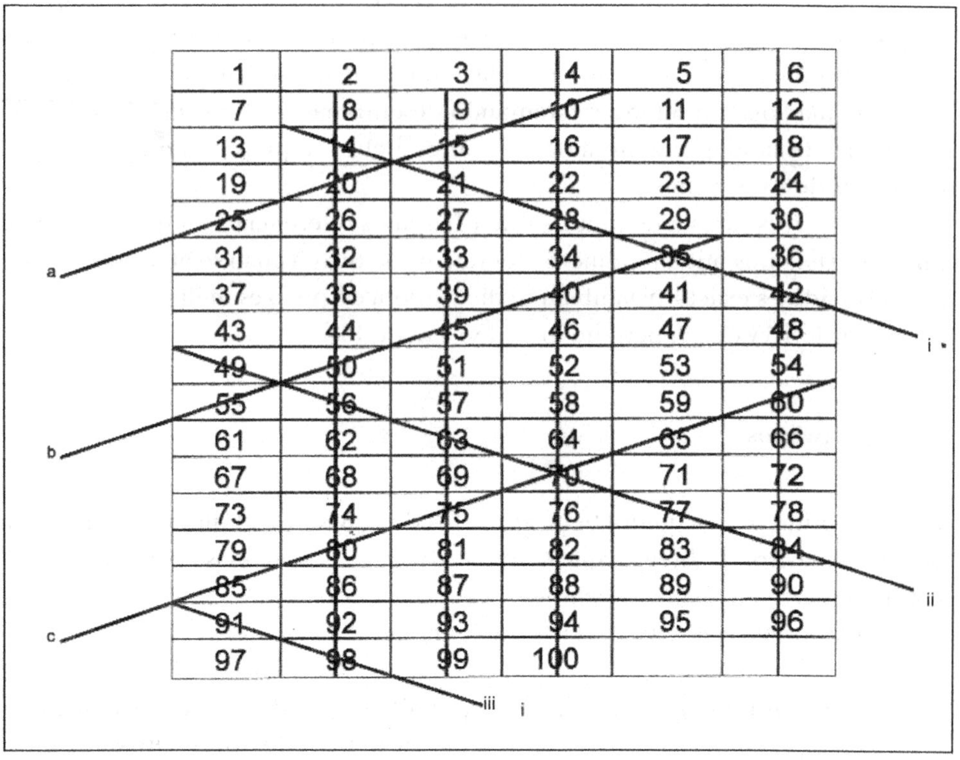

1	2	3	4	5	6
7	8	9	10	11	12
13	14	15	16	17	18
19	20	21	22	23	24
25	26	27	28	29	30
31	32	33	34	35	36
37	38	39	40	41	42
43	44	45	46	47	48
49	50	51	52	53	54
55	56	57	58	59	60
61	62	63	64	65	66
67	68	69	70	71	72
73	74	75	76	77	78
79	80	81	82	83	84
85	86	87	88	89	90
91	92	93	94	95	96
97	98	99	100		

2. Una criba es un instrumento con el fondo o las paredes agujereadas que se utiliza para separar impurezas de las semillas o separar partes menudas de otras mayores. En los tiempos en que las faenas agrícolas no estaban mecanizadas era de uso frecuente. Si hacemos lo que se describe en el texto queda una plancha que efectivamente parece una criba.

Se escriben los números tal como aparecen en la Figura 8 (en la página anterior), en seis columnas. Después se tachan las columnas del 2, 4 y 6 por ser pares. Se tachan los de la columna de 3, por ser múltiplos de 3. Queda sin tachar el 5; sus múltiplos se tachan mediante las diagonales a, b y c. Los múltiplos de 7 desaparecen con las líneas i, ii y iii. Al final quedan sin tachar los números primos.

Así hemos obtenido unos cuantos números primos, pero ¿cuántos números primos hay en total? Que se conozcan explícitamente una buena cantidad: en unos ordenadores de la ciudad americana de Los Alamos están almacenados noventa millones de números primos. Pero desde Euclides (que vivió en los siglos IV y III antes de Cristo) se conoce que hay infinitos números primos, es decir, que por muy grande que sea un número primo, siempre hay otro número primo más grande que él. Y la manera de demostrarlo es muy interesante.

Supongamos lo contrario, es decir, que hubiera un número primo N que fuera el mayor posible. Vamos a comprobar que esto no es posible. Para ello construiremos un número primo mayor que N. ¿Cómo? Cogemos toda la lista de números primos, desde 2 hasta N (puede ser muy larga, pero si N es el mayor es finita), y los multiplicamos y al número que resulte de ese producto le sumamos 1. El número P que así resulta es primo (y sería bueno que buscaras la razón de ello) y mayor que N. Luego no puede haber ningún número que sea el mayor de todos los primos. Este resultado, que tiene, como hemos dicho, 23 siglos, sigue considerándose en la actualidad uno de los resultados matemáticos más hermosos de la historia[3].

Como curiosidad, señalaremos que el mayor número primo que se había encontrado hasta 1992, y que como tal aparece en el libro Guiness de los récords[4], es el $391\,581 * 2^{216\,193} - 1$, que fue descubierto el 6 de agosto de 1989, con ayuda de un superordenador, por un equipo conocido como "Amdahl Six". Es un número que tiene 65 087 dígitos (algo así como veinte páginas totalmente repletas de cifras). Cada cierto tiempo, y con ayuda informática, se localiza un nuevo número primo mayor que todos los conocidos hasta esa fecha.

Encontrar números primos elevados es una tarea muy complicada. Se conoce que hay muchos números primos que responden a la forma 2^p-1, siendo p un número primo (los llamados *números de Mersenne*, que fue el primero en advertir esta particularidad). Pero cualquier comprobación entre este tipo de números es costosa, requiere mucho tiempo aun con ayuda de ordenadores (y esa característica tiene una aplicación en las claves para la seguridad de las comunicaciones,

3. En concreto el segundo, con una puntuación de 7,5 sobre 10, en una encuesta realizada con un cuestionario previo. Ver el artículo "Are These the Most Beautiful?", de David Wells, *The Mathematical Intelligencer*, vol. 12, nº 3, 1990.

4. Ver el *Libro Guinness de los récords 1993*. Madrid. Producciones Jordan, 1992.

como veremos más adelante). Durante doscientos años se pensó que el número $2^{67} - 1$ era primo. Fue F. N. Cole quien probó lo contrario, en una reunión de la American Mathematical Society en 1903; y lo que hizo, cuando le tocó su turno de palabra, según cuenta E. Temple Bell, fue lo siguiente: «Cole –que era siempre un hombre de pocas palabras– se acercó a la pizarra y desarrolló el cálculo para elevar 2 a la potencia 67. Luego, cuidadosamente, sustrajo 1. Sin una palabra, fue hacia una zona vacía de la pizarra y multiplicó a mano: 193 707 721 * 761 838 257 287.

Los dos resultados coincidieron... Por primera y única vez, que se recuerde, la audiencia de la American Mathematical Society aplaudió vigorosamente al autor de una conferencia. Cole volvió a su asiento sin haber pronunciado una palabra. Nadie le dirigió una pregunta.»

Y ahora ha llegado el momento de pensar en algunas cuestiones sobre primos. Para ello proponemos los dos problemas siguientes.

Problema 5

Probar que si un número es primo, el anterior o el siguiente es múltiplo de 6.

Problema 6

Encontrar cuatro números primos de la forma AA BAB BACD AAAC.

Cada una de las letras que aparecen tienen el mismo valor en todos ellos y tienen que estar colocadas en el orden que se indica.

Puede parecer que tantos años investigando sobre los números primos ha hecho que todas (o casi todas) sus propiedades sean ya conocidas. Pero no es así ni mucho menos. Hay una gran cantidad de cuestiones de enunciado sencillo que aún están por resolver Vamos a referirnos a algunas de ellas.

En primer lugar, nos referiremos a la llamada Conjetura de Goldbach, que fue propuesta por Goldbach a Euler (uno de los matemáticos más importantes de la historia) en 1742. Afirma que «todo número par puede ponerse como suma de dos números primos». Por ejemplo, 18 = 5 + 13; 40 = 17 + 23; 60 = 29 + 31 ó 100 = 3 + 97. Sigue siendo una conjetura porque no se ha encontrado ningún contraejemplo, es decir, que con todos los números pares que se ha probado siempre se han podido expresar como suma de dos primos (y se ha probado con millones de pares); pero hasta el momento nadie tampoco ha dado una demostración completa del resultado, después de transcurir más de 250 años.

Problema 7

No parece procedente proponer como un problema la demostración de la Conjetura de Goldbach (aunque no hay por qué desanimar a nadie). Pero en cambio sí que está al alcance de cualquiera comprobar que esta conjetura cumple para unos cuantos pares. Proponemos que se compruebe para los pares menores de 100 (o de 200 o del límite que cada uno se quiera poner).

Otra cuestión que se ha investigado y que sigue sin resolverse es la de los *primos gemelos*: parejas de números primos que se diferencian en dos unidades. Algunos ejemplos son 5 y 7; 11 y 13; 29 y 31; 41 y 43 y 59 y 61. Hay miles más de parejas de primos gemelos, lo cual parece avalar la hipótesis de que hay un número infinito de esas parejas, pero sigue sin haberse demostrado. Y eso que la investigación se ha llevado lejos, hasta comprobar que una de esas parejas de primos es la formada por 999 999 999 959 y 999 999 999 961.

Y una curiosidad más sobre los primos, relacionada, además, con los capicúas que vimos más arriba. También está abierta otra cuestión sobre si hay o no infinitos pares de algo más complicado todavía: los primos gemelos capicúas, que serán parejas de capicúas, primos y que se diferencian en diez unidades[5]. Es lo que pasa con las siguientes: 181 y 191; 373 y 383; 13 831 y 13 931; 15 451 y 15 551 o 16 561 y 16 661.

Acabamos aquí con los primos, por ahora. En el siguiente apartado de este mismo capítulo los retomaremos en una aplicación que tiene que ver con la vida de cada día: las claves para garantizar la seguridad de las comunicaciones, los códigos secretos que necesitamos, por ejemplo, para poder sacar dinero de los cajeros automáticos, sin que nadie más que nosotros tenga acceso a nuestras cuentas.

Números perfectos

Los números perfectos son los números que son iguales a la suma de todos sus divisores propios (es decir, todos ellos, excepto el número).

El número perfecto más pequeño es 6, puesto que los divisores de 6 son 1, 2 y 3, y se cumple que 6 = 1 + 2 + 3. Los judíos y los cristianos quedaron entusiasmados por este número, porque hay que recordar que para estas religiones el mundo fue creado exactamente en 6 días.

El siguiente número perfecto es el 28. Que es justamente el número de días que tarda la luna en dar una vuelta alrededor de la tierra, es decir, un mes lunar (y que también es la duración del ciclo menstrual femenino, de ahí viene la identificación tradicional entre la mujer y la luna). Es una lástima que ahí se acaben las posibles correspondencias entre los números perfectos y algún fenómeno noti-

5. Estas y otras interesantes consideraciones sobre los números primos pueden verse en el artículo "Número primos: balance de nuestra ignorancia", de J. Navarro, incluído en el tomo de *Matemática 1* de la enciclopedia Universitas. Barcelona. Salvat Editores, 1987.

ciable. Porque no es fácil encontrar números perfectos, y el siguiente es nada menos que el 496. Y además hay muy pocos. Para aliviarnos la tarea de búsqueda, existe un procedimiento para obtener números perfectos.

Se debe también a Euclides, que encontró que la expresión $2^{n-1}(2^n-1)$ produce números perfectos, al sustituir n por números naturales, siempre y cuando (2^n-1) sea un número primo. La fórmula de Euclides facilita mucho el camino, pero sigue siendo complicado encontrar números de esta clase.

Tuvieron que pasar dos mil años hasta que otro gran matemático, Euler (1707-1783), demostrara que esa fórmula genera todos los números perfectos pares. Hasta el momento no se han encontrado números perfectos impares, ni tampoco se ha podido demostrar que tales números no existan.

Actualmente se conocen los 24 números perfectos que resultan de sustituir n por diferentes valores en la expresión de Euclides citada más arriba. Los siete primeros son los de la tabla siguiente. El que se encuentra en el lugar 24 corresponde a n = 19 937, y escrito en el sistema decimal tiene la friolera de 12 003 cifras.

Fórmula	**Número**
$2^1 (2^2 - 1)$	6
$2^2 (2^3 - 1)$	28
$2^4 (2^5 - 1)$	496
$2^6 (2^7 - 1)$	8 128
$2^{12} (2^{13} - 1)$	33 550 336
$2^{16} (2^{17} - 1)$	8 589 869 056
$2^{18} (2^{19} - 1)$	137 438 691 328

Números amigos

Los números amigos se obtienen a partir de los números perfectos. Antes de dar la definición, y para que sea más fácil familiarizarse con ellos, utilizaremos la primera pareja de números amigos que se conoció: la formada por los números 220 y 284. Y fue descubierta por los pitagóricos, hace más de 2 000 años.

Veamos qué relación existe entre estos números:

- Sumamos todos los divisores de 220: 1 + 2 + 4 + 5 + 10 + 11 + 20 + 22 + 44 + + 55 + 110 = 284
- Hacemos lo mismo con los divisores de 284: 1 + 2 + 4 + 71 + 142 = 220

Sorprendente, ¿no?

Esa es, pues, la característica que los define: *dos números son amigos si cada uno de ellos es igual a la suma de los divisores del otro.*

Este tipo de números ha estado acompañado siempre por una gran admiración, hasta tal punto que, entre otras propiedades, se creía que un talismán en el que estuviese grabada esta pareja de números influía en el amor. Pero, si encontrar números perfectos era difícil, hallar parejas de números amigos es una tarea más complicada todavía. El siguiente par de números amigos no se encontró hasta 1636, año en el que Fermat, un gran matemático residente en Toulouse (Francia), encontró la pareja de números amigos formada por 17 296 y 18 416.

En la actualidad se conocen más de 1 000 parejas de números amigos, de las cuales damos las 13 formadas por números de hasta cinco cifras en la tabla siguiente.

1	220	284
2	1 184	1 210
3	2 620	2 924
4	5 020	5 564
5	6 232	6 368
6	10 744	10 856
7	12 285	14 595
8	17 296	18 416
9	63 020	76 084
10	66 928	66 992
11	67 095	71 145
12	69 615	87 633
13	79 750	88 730

En la tabla se puede observar que los números que forman cada pareja son de la misma paridad (es decir, los dos pares o los dos impares), y que la mayoría de las parejas están formadas por números pares. También se cumple, entre los números amigos conocidos, que los que son impares son, además, múltiplos de 3, aunque no se ha demostrado que tal característica se tenga que cumplir siempre.

Los códigos secretos

Durante siglos se han estudiado, como hemos visto anteriormente, las propiedades de los números primos. Y se han buscado con ahínco, poniendo en el empeño toda la ilusión y todo el esfuerzo. Es como un juego con reglas bien ideadas e interesantes que ha enganchado a mucha gente durante largos siglos. Y ha sido un juego sin mayor interés práctico que la mayoría de ellos: el disfrute de los jugadores.

Otro juego también arraigado en el tiempo y en todas las personas es el de la criptografía (que etimológicamente significa "escritura escondida"), el de los códigos secretos, aunque no está tan desprovisto de aplicaciones. Porque, ¿quién no ha jugado en algún momento de su vida a hablar o escribir de forma que no le entienda nadie más que los que conocen el secreto (la clave de su código)? Lo hemos hecho todos, aunque sea utilizando procedimientos tan sencillos como dar la vuelta a las palabras, hablar al revés.

La criptografía tiene una larga y apasionante historia (que queda fuera de nuestro interés en este momento), en bastantes momentos de la cual ha tenido relación con las matemáticas. Relataremos sólo una anécdota concerniente a la historia de nuestro país[6]. «En 1556 Felipe II desarrolló la 'Nueva Cifra General', que utilizaban los embajadores para relacionarse con el rey.(...) Considerada indescifrable, el 'Despacho Universal' dirigido por el Secretario de Estado, Gonzalo Pérez, nunca se preocupó de Criptoanálisis. En cambio el rey de Francia, Enrique IV, tuvo el cuidado de encargar al matemático Vieta la tarea de descifrar, entre otras, la carta que Felipe II había dirigido a Alejandro Farnesio, duque de Parma, con las instrucciones básicas para una campaña militar en los Países Bajos. Tras cinco meses de trabajo, Vieta completó su tarea. La victoria de Enrique IV en Ivry no fue ajena a este control francés de informaciones militares básicas. Y no fue el único caso: Vieta continuó descifrando mensajes secretos españoles, sirviéndole de poco a Felipe II el haber acusado al rey de Francia ante el Papa de que usaba la magia negra para dicha labor de criptoanálisis. Felipe II no sabía que también el Vaticano tenía su propio equipo de criptoanalistas, los cuales habían descifrado mensajes secretos españoles hacía ya treinta años».

Se puede pensar que todo lo relacionado con los mensajes secretos es un tema que atañe únicamente a la diplomacia y a la guerra[7], es decir, a la alta política o a las historias de espías. Y, a pesar de que efectivamente ha sido a lo largo de siglos, hemos llegado a un punto en que «los grandes avances en electrónica, tele-

6. Tomado del artículo "Aspectos tecnológicos de la Teoría de Números: la Criptografía como ejemplo", de J. Echeverría, *Arbor*, mayo de 1988.

7. Aunque haya sido así a lo largo de su historia. Y el propio carácter secreto de la misma y de las actividades con las que estaba relacionado ha hecho que se mantuviera secreto hasta 1976 que el primer ordenador electrónico de la historia (anterior al que suele pasar por tal, el ENIAC) fue una máquina realizada en Inglaterra durante la Segunda Guerra Mundial para descifrar mensajes alemanes. Ver al respecto *Criptografía moderna, informática y sociedad*, de J. Pastor. Zaragoza. ETS de Ingenieros Industriales, 1989.

comunicaciones y ordenadores de los últimos años han creado la sociedad informática de hoy en la que, más que nunca, 'información es poder', y con ello se ha creado la necesidad de proteger la información y, en consecuencia, la Criptografía ha salido al dominio público»[8]. Y es que en nuestra sociedad cada vez hay más comunicaciones electrónicas de las que hay que garantizar el secreto. Porque no son solamente textos o comunicaciones políticas o militares lo que se transfiere, sino también operaciones financieras, en las que participamos todos a través de las tarjetas de crédito y los cajeros automáticos.

Y aquí es donde aparecen los números primos, porque del estudio de las propiedades de esos números a lo largo de los siglos, y con el concurso de los ordenadores, se ha llegado a poner a punto algoritmos que generan números primos grandes (y como todo es relativo, digamos que a partir de ahora entenderemos como tales los que tengan más de cien cifras). Pero sigue sin haberse encontrado ningún algoritmo que, dado un número grande, permita descomponerlo con rapidez en producto de números primos, si esos factores son también grandes[9]. Esta situación es la que ha permitido la existencia de las llamadas "criptografías con clave pública". Veamos de qué se trata.

A lo largo de la historia, la seguridad de un mensaje cifrado se basaba en el secreto de la clave con la que se había realizado, que conocían únicamente el emisor y el receptor. Pero desde 1978 existe un procedimiento para cifrar, llamado RSA (por las iniciales de sus inventores Ronald Rives, Adi Shamir y Leonard Adleman) en el que la clave es pública. Explicaremos muy por encima en qué consiste. En el cifrado RSA hay dos claves, la primera para cifrar, la segunda para descifrar. "La segunda está formada por dos números primos muy elevados, que indicaremos con P y Q mientras que la primera está formada por su producto, que indicaremos como M (M = P*Q). Los números primos son de un orden de cien o doscientas cifras''[10]. El número M es público, pero como no existen algoritmos que permitan hallar P y Q en un tiempo razonable, y esos valores son necesarios para poder entender (descriptar) el mensaje, no podremos traducirlo.

El sistema RSA ha sido inviolable hasta principios de 1994, cuando el esfuer-
zo combinado de informáticos de los cinco continentes ha logrado factorizar el número de 129 cifras propuesto en 1977[11]. Ello no significa el fin del sistema, por-

8. Tomado de *Criptografía moderna, informática y sociedad,* de J. Pastor, ya citado.

9. Para una pregunta parecida, (saber si el número 2220 + 1, el vigésimo de los llamados números de Fermat, era o no primo), un superordenador CRAY-2 programado especialmente para ello, necesitó 10 días de cálculos en 1986 antes de dar su respuesta: no era primo. Ver el *Libro Guinness de los récords 1993,* citado antes.

10. Tomado de *Códigos secretos,* de A. Sgarro. Madrid. Pirámide, 1989.

11. Se pueden ver al respecto los artículos publicados en el diario *El País,* "Un gran cálculo dividido en trocitos", de G. Kolata (13/4/94) y "Derribada una fortaleza criptográfica", sin firma (28/4/94).

que un ligero aumento en el tamaño del número hace mucho más difícil el cálculo, con lo cual puede seguir utilizándose.

Y aquí finalizamos esta rápida incursión en el campo de los mensajes cifrados. Sirva como una muestra de cómo una parte de las matemáticas sin ninguna "utilidad" práctica durante siglos (a pesar de lo cual, por su propio interés, se mantuvo viva), ha encontrado una aplicación directa en un campo en apariencia muy alejado.

A vueltas con el 9: números nueve adictos

Aunque a primera vista pueda parecer un número como los demás, el 9 tiene algunas características especiales. En este apartado vamos a comentar algunas actividades que nos permitan poner de manifiesto determinadas de esas peculiaridades, a la vez que vamos profundizando un poco en las propiedades del sistema de numeración decimal. Y siempre haciendo lo posible por encontrar gratificante la búsqueda.

Buena parte de las particularidades del 9 provienen de que es el número anterior al 10, la base del sistema de numeración. O sea que es el mismo papel que jugará, por ejemplo, el 6 en el sistema de base 7, o el 8 en el de base 9. Comenzamos con ellas.

Multiplicar por 9 es una tarea engorrosa. Incluso la tabla del 9 es una de las que, en general, más cuestan de aprender. Pero se puede hacer de una manera más sencilla sin multiplicar, simplemente mediante una resta. Veamos cómo: "para multiplicar un número por 9 basta con añadirle un cero al número que nos den y restarle el propio número", y ya tenemos el resultado. Por ejemplo:

28 503 * 9 = 285 030 – 28 503 = 256 527
657 987 * 9 = 6 579 870 – 657 987 = 5 921 883

¿Es por magia (aunque sea numérica) o hay alguna razón? Por supuesto que no se trata de un juego de manos. Multiplicar por 9 es lo mismo que hacerlo por (10 - 1); si multiplicar por 10 supone únicamente añadir un cero a la derecha al número, por consiguiente, tenemos la regla anterior. Es decir, para un número cualquiera N, se tiene que 9 * N = (10 - 1) * N = N0 - N (donde con N0 representamos el número que resulta de añadir un 0 a la derecha de la expresión del número N).

Una regla similar solamente sirve para multiplicar por 9. Con lo que algo que en principio era lo más difícil (como multiplicar por 9), se convierte en un proceso muy sencillo.

Vamos a continuar con algunas propiedades exclusivas del 9. Pero dejaremos sin explicitar parte de las razones, para que sea el propio lector quien se ocupe de buscarlas (si surgen dificultades, o para corroborar lo encontrado, se puede consultar el final del capítulo, donde se profundiza en los resultados).

Elijamos una fecha cualquiera. Por ejemplo, el 21 de septiembre de 1994 (una del final del verano), y la escribimos toda seguida: 21 091 994.

Reordenamos ahora las cifras de ese número como queramos, de la forma que nos parezca: 49 902 119. Restamos a la mayor de las dos cifras la menor:

49 902 119 – 21 091 994 = 28 810 125

El número que resulta es siempre múltiplo de 9 (en nuestro caso lo es porque la suma de sus cifras es 27, que es un múltiplo de 9, y ese es, como sabes, el criterio de divisibilidad por 9). Puedes comprobarlo cuantas veces quieras, con las fechas que te parezca (no tienen por qué ser de cambio de estación ni especialmente destacadas), siempre encontrarás un múltiplo de 9. Se trata de que encuentres las razones de por qué pasa eso siempre.

Vamos con otra búsqueda, esta vez un poco más complicada. Si multiplicamos un número cualquiera por 9 y sumamos las cifras del número que resulte, el resultado es siempre un múltiplo de 9 (9, 18, 27, 36...): es, como acabamos de recordar, la manera de saber si un número se puede dividir por 9 con resultado exacto, lo que se llama el criterio de divisibilidad por 9. Lo comprobamos en algún caso:

2 375 * 9 =	21 375	2+1+3+7+5 = 18	1+8 = 9
65 327 * 9 =	587 943	5+8+7+9+4+3 = 36	3+6 = 9
24 778 * 9 =	223 002	2+2+3+0+0+2 = 9	

Nuestra propuesta de investigación es la de los números como el 24 778, que llamaremos nueve-adictos (o abreviadamente NA):

Serán NA aquellos números tales que al multiplicarlos por 9 nos dan como resultado otro número en el que la suma de sus cifras es justamente 9 (no cualquier otro múltiplo de 9, cosa que sucederá siempre, sino exactamente 9).

Por decirlo de otra forma, la prueba de nueveadicción será la siguiente: *dado un número, lo multiplicamos por 9 y sumamos las cifras del número que resulte; si ese número es 9, el número es nueveadicto; para cualquier otro resultado, el número no es nueveadicto.* Y se trata de encontrar el mayor número de propiedades de los números nueveadictos, así como alguna característica que nos permita saber, sin hacer la multiplicación por 9, si es NA o no lo es.

Mientras se da vueltas al tema, y antes de pasar a tratarlo, quizá convenga hacer algunas reflexiones sobre este tipo de investigaciones. Pueden parecer de escasa utilidad (aunque después de ver la historia de los primos no es cosa de poner la mano en las brasas), pero permiten entrenarse en los rasgos fundamentales de la investigación: la búsqueda de alguna característica distintiva; la formulación de hipótesis; la demostración o refutación de las mismas... Y, en todos los casos, la reflexión sobre el sistema de numeración decimal y el cuestionamiento de algunos conocimientos sobre el mismo acerca de los cuales tal vez nunca hemos reflexionado con profundidad. Lo que aparece a continuación es una posibilidad de avance en la investigación, no necesariamente la mejor (aunque procuraremos dar las razones de nuestras elecciones), ni, desde luego, la única.

Cuando nos enfrentamos a una búsqueda en un conjunto tan amplio corremos el riesgo de perder mucho tiempo antes de habernos orientado. E incluso de que encontremos algunos de los números que busquemos, pero sin ningún orden ni relación entre ellos. Por eso suele ser conveniente delimitar el campo de búsqueda, al menos por dos razones: para poder llevar a cabo una exploración sistemática que nos permita encontrar todos los números en ese conjunto; y para intentar hallar una característica de los números que se cumpla en ese conjunto y después generalizar.

Es lo que vamos a hacer nosotros: vamos a ver cuáles son los números NA de solamente dos cifras (no vale la pena probar con los de una cifra: todos lo son). Aquí es fácil calcular en todos ellos el producto por 9 y saber cuáles son. Así, los primeros que se obtienen son:

10	12	13	14	15	16	17	18	19
20		23	24	25	26	27	28	29

Quizás al llegar aquí ya se pueden prever cuáles serán los NA en la decena de los treintas, y sucesivas. Efectivamente son:

30	34	35	36	37	38	39
40		45	46	47	48	49

y podríamos seguir hasta la decena de los noventas, en que el único NA es el 90.

Al observar todos estos números de dos cifras, vemos que hay de dos tipos. Por una parte están los que acaban en 0: todos ellos son NA. Y todos los demás son tales que la cifra de las decenas es menor que la de las unidades. Los miramos por separado.

En el caso de los primeros surge una pregunta: ¿si les añadimos otro cero, seguirán siendo NA? Parece claro que sí, porque al multiplicar por 9, la suma de los números del producto seguirá siendo la misma. Y lo mismo pasará si seguimos añadiendo ceros (lo que equivale a multiplicar por potencias de 10). Tenemos así una primera propiedad de los NA:

Si un número es NA, también lo son los que resultan de multiplicarlo por cualquier potencia de 10 (lo que equivale en su escritura decimal a añadir un número cualquiera de ceros a su derecha)

Y, como consecuencia de ella, otra propiedad obvia: *la sucesión de NA es indefinida.*

Por tanto, y de acuerdo con la propiedad anterior, no tendremos ya que ocuparnos de los números acabados en 0, sino del que resulte de quitar todos los ceros finales.

El otro tipo de NA de dos cifras que hemos hallado son de la forma ab, con $a < b$ (que se lee a menor que b). Estamos en condiciones de formular una suposición, una hipótesis por su nombre matemático: en el caso de los números de tres cifras también se cumplirá lo mismo.

Lo formulamos en general: *Un número abc sera NA cuando $a < b < c$.*

Por el momento no es más que una suposición. Para tener la seguridad de que es cierta tenemos que demostrarla. ¿Qué es una demostración? Es alguna razón que nos haga ver que efectivamente se cumple para todos los casos. Aquí podría hacerse por comprobación directa ("solamente" hay 900 números de tres cifras, de los cuales muchos menos -sería interesante deducir cuántos exactamente- cumplen las condiciones de la hipótesis): multiplicar todos los números de tres cifras por 9 y ver cuáles son NA y cuáles no. Pero, francamente, sería muy pesado. Y si seguimos añadiendo cifras la tarea se hace realmente inabordable: 9 000 números de cuatro cifras; 90 000 de cinco; etcétera.

Por eso vamos a demostrarlo de otra forma. Multiplicaremos los números que cumplen la condición anterior por 9 y sumaremos las cifras del resultado: si siempre sale 9 será una hipótesis acertada. Pero topamos con otro problema. ¿Cómo multiplicar un número abc por 9? Aquí nos servirá de ayuda la primera consideración que hemos hecho en este capítulo, sobre la forma de multiplicar por 9. Será:

abc * 9 = abc0 – abc

y hemos transformado el problema en una resta. Recordemos ahora (mientras intentáis hacer la resta) que uno de los procedimientos operativos que más cuesta a los niños en su inicio escolar es la resta "llevando", seguramente porque no es muy sencillo, como se puede comprobar haciendo esa resta.

Vamos con ella, aunque rogamos encarecidamente que en primer lugar se intente resolver sin ayuda. Hay que recordar que la condición era $a<b<c$. Tendremos:

a	b	c	0
	a	b	c
a	(b-a)	(c-b-1)	(10-c)

Sumamos los números de la diferencia y obtendremos:
a + (b–a) + (c–b–1) + (10–c) = 10 – 1 = 9

¡Luego, efectivamente se cumple la condición! Podemos asegura que todos los números abc, con a<b<c, son NA. Nuestra hipótesis era buena, al menos en parte. Porque si se trata de hallar una característica de los NA nos queda por ver todavía otra condición. ¿Cuál? Ver si ya hemos los encontrado todos. Es decir, si puede haber otros números que no cumplan esa condición y que también sean NA.

Dejamos para el lector que compruebe que si en abc es a>b (a mayor que b) o b>c, el número no es NA. Puede hacerse con un procedimiento similar al anterior. Pero, ¿qué pasa si dos de las cifras son iguales? Por ejemplo, 112 es NA (porque 112 * 9 = 1 008), pero 122 no lo es (122 * 9 = 1 098). ¿Qué ocurre si dos cifras consecutivas son iguales? También dejamos la investigación para el lector, pero el resultado final (para números de tres cifras) es (representando con a<=b) que a es menor o igual que b).

Un número abc será NA cuando a <= b y b<c

Se puede continuar el proceso para un número cualquiera de cifras y llegar a la caracterización general (dejamos el proceso para el lector).

Un número abcde....pq será NA cuando cada cifra sea menor o igual que la siguiente, excepto las dos últimas, en que p tiene que ser menor (y no igual) que q.

Así pues, números tan grandes como 11 222 337 777 777 779 o 55 555 555 555 555 555 588 888 888 888 888 889 son NA, algo sorprendente a primera vista. Y siguen siéndolo esos mismos números si añadamos a su derecha tantos ceros como queramos.

Hay muchos otros aspectos de los números NA que corresponde investigar a la imaginación de los lectores. Cualquier sugerencia será bienvenida.

Números mágicos, especulares u otros

En el apartado anterior hemos desarrollado una investigación algo a fondo sobre un tipo de números. Vamos ahora a definir otros números y a comentar algunos ligeros apuntes sobre los mismos para que, si se desea, se pueda seguir profundizando en ellos. De nuevo proporcionan la oportunidad de una búsqueda interesante a la vez que una reflexión inducida por las necesidades sobre las particularidades del sistema decimal de numeración y las propiedades del mismo.

Números mágicos

Empecemos con una constatación que nos puede servir de definición, y más adelante propondremos algunas cuestiones sobre los mismos, cuya validez habrá que discutir, con los argumentos apropiados[12].

«Si un número acaba en 2 es divisible por 2. Por eso decimos que el 2 es un número mágico. Investiga los números mágicos».

Buscamos entre los números de una cifra. Son mágicos el 1, el 2 y el 5. No lo son el resto, 3, 4, 6, 7, 8 y 9. ¿Y el O? ¿Se puede dividir por cero?

¿Habrá también números mágicos de más de una cifra? Busquémoslos. ¿Lo es el 10? Parece que sí. ¿Se acaban aquí? Probablemente no. Por ejemplo, también lo es 20; y también el 25 y el 50. Ya tenemos algunos más. Poniéndolos en orden 1, 2, 5, 10, 20, 25, 50...

Una pregunta sobre operaciones. Si multiplicamos dos números mágicos entre ellos, ¿nos dan otro número mágico? Parece que sí. ¿Seguro? Y todos los números mágicos que hemos encontrado parece que son el producto de potencias de 2 por potencias de 5. ¿Serán los únicos? ¿Todos los números mágicos serán de esa forma?

Parejas de números especulares

Si multiplicamos dos parejas de parejas, el resultado del producto es diferente del que resulta de hacer el producto de los mismos colocados en orden inverso. Es decir, 13 * 47 = 611, mientras que si cambiamos el orden 74 * 31 = 2 294, que es distinto del anterior. Pero hay algunas parejas en las que el resultado es el mismo. Por ejemplo:

11 * 88 = 88 * 11

23 * 64 = 46 * 32

---

12. Sobre los números mágicos puede consultarse *Experiencia matemática*, de P.J. Davis y R. Hersh. Barcelona. Labor, 1988.

Cuando esto sucede (en una visión intuitiva sería que el producto de los dos números fuera el mismo que el de sus imágenes en un espejo, que como es sabido invierten el orden) decimos que tenemos una pareja de números especulares. Las dos parejas anteriores son 11 y 88, y 23 y 64.

Te pedimos que busques otras parejas de números especulares. Y, a ser posible, que encuentres una característica que nos permita hallar todas las posibles parejas. Con un poco de reflexión es más sencillo de lo que parece.

Números muy compuestos

Recordemos (lo hemos visto más arriba) que lo contrario de número primo es un número compuesto: aquellos que tienen divisores diferentes de él mismo y de la unidad. Si tenemos un número N, llamaremos d(N) al número de divisores de N, incluidos él mismo y la unidad. Si N es un número primo, d(N) = 2. Para todos los demás números d(N) > 2. Por ejemplo, d(10) = 4, porque los divisores de 10 son 1, 2, 5 y 10; d(16) = 5, ya que los divisores de 16 son 1, 2, 4, 8 y 16.

Vamos a fijarnos en los números que tienen más divisores que todos de los que son menores que ellos: los llamaremos los números muy compuestos (o números MC). O por su definición formal, un número N será MC cuando cualquiera que sea M < N se cumple que d(M) < d(N)[13].

¿El 10 es un número MC? No, porque como hemos visto d(10) = 4, mientras que también d(8) = 4. Sí que es MC el 12, porque d(12) = 6 y todos los números menores que 12 tienen menos de 6 divisores.

Es fácil encontrar la serie de los primeros números MC. Es la que damos en la tabla siguiente, en la que en la otra fila aparece el correspondiente número de divisores.

N	2	4	6	12	24	36	96	192	384
d(N)	2	3	4	6	8	9	10	12	14

La búsqueda se vuelve más costosa a medida que avanzamos, pero se encuentran algunos números curiosos, como 5 040, que tiene 60 divisores y que es el producto de los siete primeros enteros (que es lo que se llama el factorial de 7, y

13. La definición de números MC se debe al matemático indio Ramanujan (1887-1920), una de las personalidades más atractivas de la matemática moderna. Sobre los números MC puede consultarse el artículo "I numeri altamente composti", de G.C. Barozzi, en la revista *Archimede*, nº 1, 1989.

se escribe 7! = 1*2*3*4*5*6*7= 5 040), y admite como divisores todos los números enteros comprendidos entre 1 y 10.

De la observación de la tabla y de la reflexión sobre la definición de los números MC surgen algunas preguntas, sobre las que invitamos a reflexionar, procurando contestar de manera razonada a cada una de ellas:

- A partir del 6, ¿todos los números MC son múltiplos de 6? Y a partir de 12, ¿todos son múltiplos de 12?
- ¿Puede haber dos números MC consecutivos?
- A partir del 6, ¿no hay ningún número MC cuyo número de divisores sea primo?

5. POR QUÉ LAS COSAS SON COMO SON: LO MÁS GRANDE Y LO MÁS PEQUEÑO

¿Es indiferente que las cosas tengan una forma u otra?
¿Y ocurre lo mismo con su tamaño, incluso si tienen la misma forma?
¿Da lo mismo la forma que tengan para empaquetarlas con facilidad?
Algunas explicaciones sobre por qué se han elegido las que hay,
en la naturaleza, en la industria o en las diversiones.
Algunas maneras de aproximarse a los máximos y mínimos
(en la vida, en la industria, en la biología...) sin necesidad de grandes
complicaciones matemáticas (ni derivadas ni nada parecido).

«La historia del hombre es la de una tentativa de apropiarse del universo, desde lo infinitamente pequeño hasta lo infinitamente grande, para durar, para superarse a sí mismo, para ser diferente de los objetos que se anexiona. Por todas sus chapuzas, el hombre alcanza un objetivo distinto al que se había fijado: en lugar de apropiarse del mundo, se posee como un objeto, y dura como un objeto.» Jacques Attali[1].

A primera vista se podría pensar que la forma de los objetos no tiene ninguna importancia, que sea cual sea su forma los objetos sirven de igual modo para desempeñar su cometido. Pero en realidad no es exactamente así. Escogiendo unas formas determinadas se consigue realizar la misma función con menos gasto. E incluso en muchas ocasiones la naturaleza ha llegado a encontrar la mejor forma para lograr sus propósitos. Es lo que ocurre, poner un ejemplo, con los panales de miel que fabrican las abejas tan alabadas por su laboriosidad, y que consiguen almacenar un determinado volumen con la menor cantidad de cera posible. Se puede demostrar con máximos y mínimos que coincide con casi total exactitud la forma precisa y los resultados que se obtienen midiendo las dimensiones de los panales. Pero todo eso nos llevaría al cálculo de derivadas, que está por el mo-

1. En *Historia de la propiedad.* Barcelona. Planeta, 1989. Citado en *Sol y sombra,* de A. Sánchez Vida. Barcelona. Planeta, 1990.

mento un poco lejos de nuestros intereses. Vamos a referirnos a otros resultados similares, pero utilizando únicamente matemáticas mucho más sencillas, es decir, sin necesidad de recurrir al cáculo diferencial.

Para ello vamos a ver y a comentar a lo largo de este capítulo diferentes casos que tienen que ver con la búsqueda de valores extremos.

Caso 1. Las áreas de rectángulos del mismo perímetro

«Supongamos que tenemos una cuerda de una longitud dada (40 cm, por ejemplo), unida por los extremos (véase Figura 9). Con dos dedos de cada mano podemos formar tantos rectángulos como queramos. ¿Todos esos rectángulos tienen la misma área?».

Figura 9

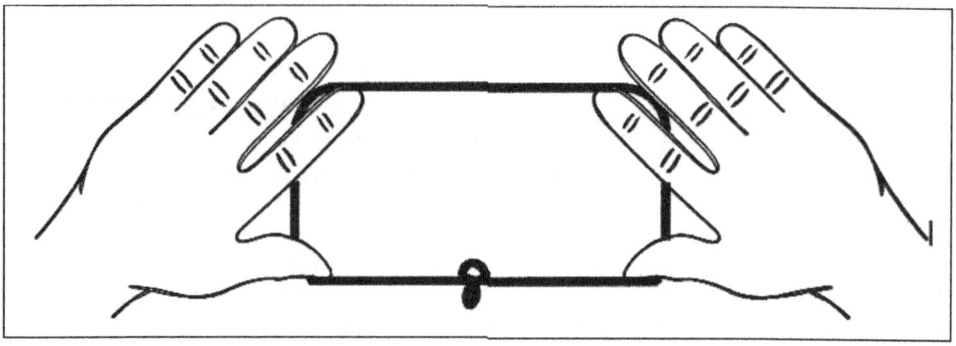

La primera consideración que hay que hacer es que se trata de uno de los muchos ejemplos de que las matemáticas no son muy democráticas: si hacemos una encuesta con la pregunta anterior, una amplia mayoría contestará afirmativamente (y además se suele cargar de razón con argumentos tan "evidentes" como: «Si tienen el mismo perímetro es obvio que tendrán la misma área»). Sin embargo, veremos a continuación que la respuesta de la realidad (la única que a la postre tiene interés) dice que no, que a pesar de tener el mismo perímetro y la misma forma (es decir, de que son siempre rectángulos) el área varía.

Hay que señalar también, a riesgo de que alguien piense que si las matemáticas no son democráticas tienen que ser aristocráticas. Pero la respuesta también es negativa, como prueba la anécdota referida al rey Ptolomeo, que empezó a leer los Elementos de Geometría de Euclides y se cansó enseguida, porque le costaba mucho seguir los razonamientos del autor. Así es que se cuenta que el rey mandó llamar al científico y le preguntó si en geometría existía alguna vía más corta y menos trabajosa que la de los Elementos. Euclides respondió que no, que en matemáticas no existen caminos reales[2].

En segundo lugar, es necesario señalar que un problema como éste puede relacionarse con cierta facilidad con uno más o menos real. Por ejemplo el siguiente: si tenemos una determinada cantidad de tela metálica y queremos hacer una cerca rectangular en una finca para encerrar ganado, de qué dimensiones ha de ser para que la superficie encerrada sea lo más grande posible (y por consiguiente quepa la mayor cantidad posible de ganado, o que tenga más espacio). Es decir, que lo que proponemos como caso es ya una modelización de un posible problema real. Y más real todavía sería cómo hacer la cerca, de la forma que fuera, para encerrar el área más grande posible. (Proponemos este problema para reflexionar después de haber estudiado el que nos ocupa).

Pero será después de haber visto que efectivamente existe una variación del área. Para ello, basta con utilizar un procedimiento que suele dar resultado y que consiste en fijarse en lo que pasa en los casos extremos. Aquí cuando alargamos tanto los dedos que llegamos a hacer una doble línea: el área es nula (o, si los alumnos no admiten este argumento porque dicen que entonces ya no es un rectángulo, cuando estamos llegando a esa situación en que el área puede llegar a ser tan pequeña como queramos). Y el otro caso extremo se da cuando se forma un cuadrado. Es evidente, pues, que el área cambia.

Problema 1

Si se quiere profundizar en la variación del área, se puede estudiar la función que determina dicha variación e incluso hacer una representación gráfica de la variación.

Caso 2. Matemáticas dinámicas y visuales

«La mayor superficie para un perímetro dado y el menor perímetro para todos los triángulos de la misma área: dos ejemplos de matemáticas dinámicas y visuales».

Nos hemos referido hace unos momentos a un problema que parece muy difícil y que debe resolverse mediante una gran cantidad de cálculos y con un final no muy evidente: nos referimos a cúal es la figura que con un perímetro dado tiene un área mayor. Sin embargo, la respuesta se puede ver con mucha facilidad,

2. L.L. Radice, *Las matemáticas de Pitágoras a Newton.* Barcelona. Laia, 1983.

pero con los ojos, no con el razonamiento, y de la manera que pasamos a relatar.

Imaginemos que tenemos una solución jabonosa de las que sirven para hacer pompas de jabón. Introducimos en ella una arandela que nos permita fabricar una pompa. Recordemos que la película se mantiene tensa por la tensión superficial de la solución. Pero en ese momento dejamos caer sobre esta superficie un hilo atado por los extremos. Si pinchamos en un punto dentro del hilo (ver la sucesión en la Figura 10) la película no se rompe, sino que el hilo se tensa hasta lograr que el área que queda dentro sea máxima, dada la fuerza que ejerce sobre todo el contorno del hilo: con él se obtiene una circunferencia. Acabamos de ver gráficamente y por medio de la vista cuál es el área mayor que se puede obtener con un perímetro dado.

Figura 10

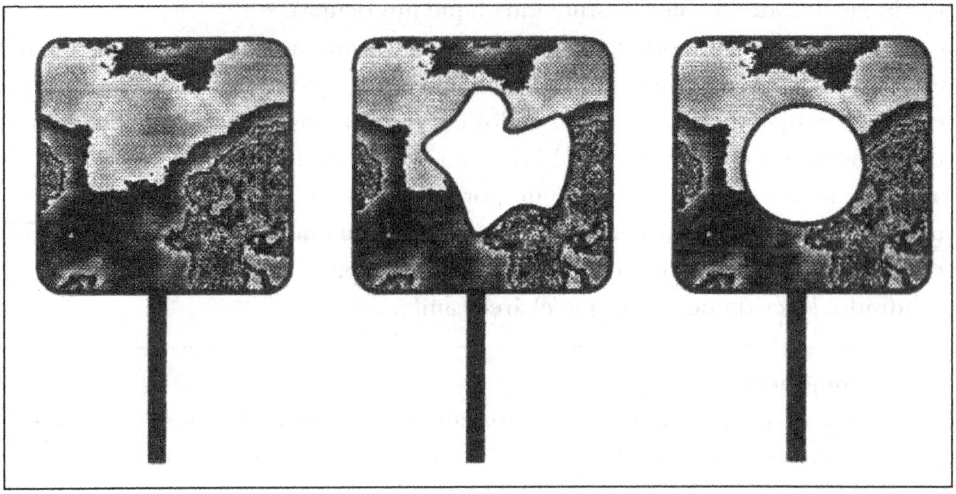

Tal vez sobren ya cálculos aritméticos para hacer ver con los ojos del razonamiento el mismo resultado. Por si acaso, animamos a comprobar que, si nos limitamos a polígonos regulares, el área limitada con un perímetro dado aumenta con el número de lados. Es decir, es mayor en un cuadrado que en un triángulo equilátero; en un pentágono regular es mayor que en el cuadrado; y así sucesivamente. Y podemos inducir de ello (aunque hay que ir con cuidado con las generalizaciones prematuras) que el área mayor será la que se obtiene cuando el número de lados del polígono sea infinito, es decir, en el caso del círculo.

Veamos otro caso móvil. Queremos saber qué triángulo tiene menor perímetro entre todos los que presentan una misma área y uno de los lados fijo. Es un caso un poco especial pero nos permite avanzar en el camino de comprobar que los polígonos de menor perímetro para un área dada son los regulares (lo que da mayor consistencia a la hipótesis que acabamos de formular en el párrafo anterior sobre considerar sólo las figuras regulares para encontrar las de área máxima).

Una primera constatación es la siguiente: si construimos varios triángulos, uno de cuyos lados es AB y el tercer vértice C está sobre una recta paralela a AB (como son los C_1, C_2, C_3,... de la Figura 11), todos ellos tienen la misma superficie. En efecto, el área es la misma porque la longitud de la base es constante y la altura de todos ellos es la misma (y coincide con la distancia entre las dos rectas paralelas), y el área de un triángulo es la mitad del producto de la base por la altura. De entre todos esos posibles triángulos, ¿cómo podremos saber cuál es el que tiene un perímetro menor?

Figura 11

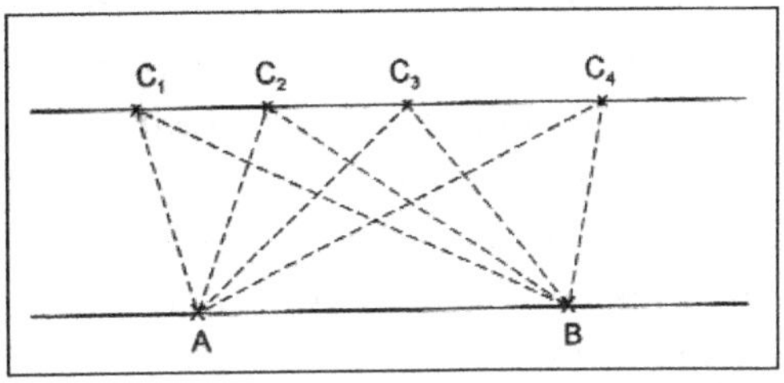

Vamos a construir un sencillo artilugio (tan fácil de reproducir que hasta el menos dotado para el bricolaje puede hacerlo). Clavamos los dos extremos de una goma en dos puntos A y B de un tablero, después de haber pasado la goma por una pequeña argolla, como la que se ve en la Figura 12, y dejamos la argolla de manera que pueda moverse por una barra paralela a AB, clavada a su vez en el tablero. Por la tensión de la goma, la argolla quedará fija, quieta (con independencia del punto donde la dejemos) cuando se consiga que la longitud total de la goma sea la menor posible, es decir, en un punto C tal que el perímetro del triángulo ABC sea mínimo. Si lo hacemos veremos que eso se consigue cuando el triángulo es isósceles.

Figura 12

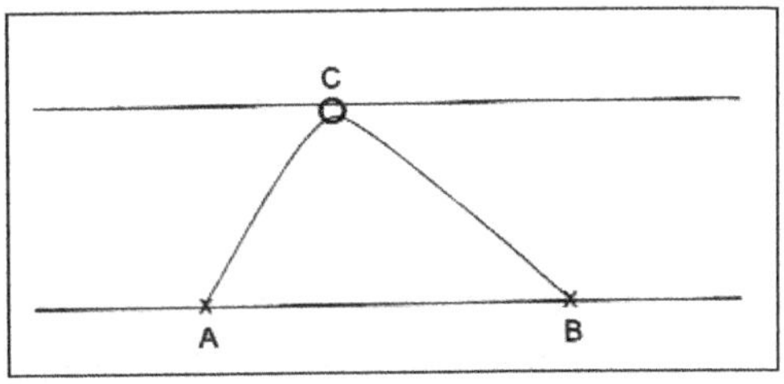

Una vez más (y se forma ante nuestros ojos), los extremos, lo más grande o lo más pequeño, suceden en la regularidad. Pero las cosas no son siempre tan geométricas ni las soluciones tranformables a figuras conocidas. Incluso es posible que las soluciones halladas en el plano teórico no sean tales soluciones en tanto en cuanto no se pueden llevar a la práctica. Pero eso lo veremos en el caso siguiente.

Caso 3. El perro guardián

«Cerca de la casa de los abuelos, en el pueblo, hay una finca muy grande con una casa muy bonita. La vigila un enorme perro guardián (y por ruido no queda: en cuanto te acercas no para de ladrar como un loco hasta que desapareces).

Nuestro perro da un poco de pena porque siempre está atado, a pesar de que tiene bastante movilidad. Está sujeto con una cadena de tres metros de largo, unida a una barra clavada en el suelo que tiene a su vez dos metros de largo (y la argolla final de la cadena se puede desplazar a lo largo de la barra). Todos estos datos no son inventados: nos los ha proporcionado el cuidador de la finca.

Y ahora llega tu trabajo. Queremos que nos digas cuáles son la forma y las dimensiones del territorio que puede alcanzar directamente el perro, es decir, la porción del jardín que el perro puede pisar sin soltarse de la cadena. Y una vez la hayas obtenido, puedes calcular el área de esa superficie.

Hemos estado discutiendo y no nos ponemos de acuerdo. Si la cadena del perro fuera de dos metros y la barra a la que está atado de tres metros (o sea, al contrario que antes), el área de la porción que pisa el perro, ¿sería mayor o menor? A ver si encuentras argumentos para sacarnos de dudas.

Aún lo podemos complicar más. Si la cadena y la barra miden juntas cinco metros en total, ¿cuáles han de ser las dimensiones de cada una para que el área de la superficie que recorre el perro sea lo mayor posible? ¿Y para que sea lo más pequeña posible?[3]»

Este problema plantea una situación bastante extendida en muchas fincas rústicas: hay un perro que cuida la casa. Haremos algunos cálculos para poder contestar las preguntas y comentaremos lo que vamos tratando.

La forma del terreno que alcanza el perro está formada por un rectángulo (uno de cuyos lados es la longitud de la barra y el otro la longitud de la cadena) y dos semicírculos de radio igual a la longitud de la cadena (cuya área total será igual a un círculo de radio igual a la cadena) como puede verse en la Figura 13 (página siguiente).

El área S, si son B y C las longitudes de la barra y la cadena, será:

$$S = 2*B*C + \pi C^2$$

De los dos casos que se citan, como 2*B*C es el mismo, será mayor la superficie que recorra el perro cuanto mayor sea C, es decir, cuando la cadena sea de 3 metros.

Si queremos saber el máximo y el mínimo de la superficie alcanzada por el perro, cuando la suma de las longitudes de la barra y la cadena es de 5 metros, es decir, cuando $B + C = 5$, será $B = 5 - C$, y sustituyendo:

$$S = 2*(5-C)*C + \pi C^2 = 10C - 2C^2 + \pi C^2 = 10C + (\pi - 2)C^2$$

El menor valor que toma S, el mínimo, se da obviamente cuando $C = 0$, en que el área es 0: respuesta que ningún alumno dará... y que además es irrealizable,

3. Este problema apareció durante el curso 92/93 en la sección fija sobre actividades matemáticas titulada "Los tres pies del gato", realizada por el autor de este libro en el suplemento 'Heraldo Escolar' del periódico *Heraldo de Aragón* de Zaragoza.

Figura 13

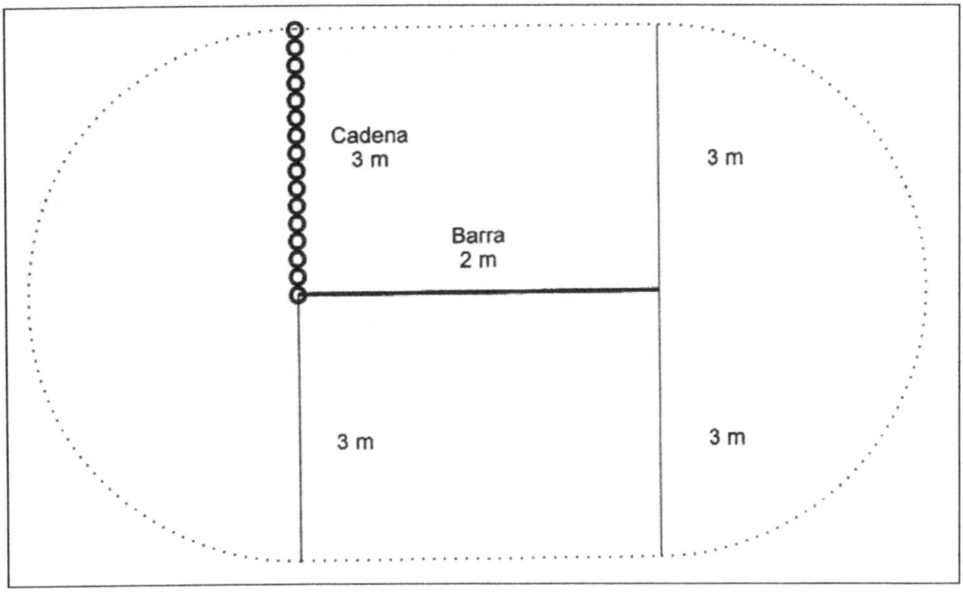

¡porque supondría que el perro estaría atado directamente a la barra, sin cadena! Conviene no olvidar la última fase en la resolución de un problema (que con tanta frecuencia se olvida en la escuela y en la vida: la comprobación de la solución). Pero si los alumnos no dan la solución cero no es por ese motivo, sino porque ellos creen que la menor longitud posible es la unidad que estén considerando. Así dirán que es 1 metro; si se les pregunta si no puede ser más pequeña, dirán que sí, que puede medir 1 decímetro o 1 centímetro; pero nunca darán como respuesta 0.

El valor máximo se da cuando la cadena es lo más larga posible y la barra es, por tanto, de longitud cero (en cuyo caso el área es la de un círculo de 5 metros de radio). Y esto último sí que es posible: basta con que la cadena esté atada a un clavo en el suelo. De manera que hay que hacer un continuo vaivén entre la realidad y la matematización en la resolución de los problemas, y nunca sumergirse en el modelo resuelto del problema sin ver la realidad.

Caso 4. Calculando volúmenes

Empezaremos con una hoja de papel normal, de tamaño DIN A4 (21 x 29.7 cm), y haremos algunas construcciones con ella. Lo que deduzcamos en este caso se puede aplicar a cualquier otro material, como telas para sacos o planchas de aluminio para la fabricación de cacerolas. Y en todos los casos veremos que el volumen depende de la forma o las dimensiones.

Tenemos, pues, una hoja de papel DIN A4. Al enrollarla para formar un cilindro, podemos hacerlo en cualquiera de los dos sentidos, de manera que obtenemos un cilindro de 21 cm de alto o de 29.7 cm de alto (véase Figura 14). Es obvio que la cantidad de papel que hemos utilizado en ambos casos es la misma: una hoja. ¿El volumen del cilindro que nos resulta también es el mismo? Después de analizar los casos anteriores, se siente la tentación de contestar con precaución. Si no, estaríamos ante un caso de matemáticas democráticas como hemos visto anteriormente: puesto que lo hemos hecho con la misma cantidad de papel, seguro que es igual.

Figura 14

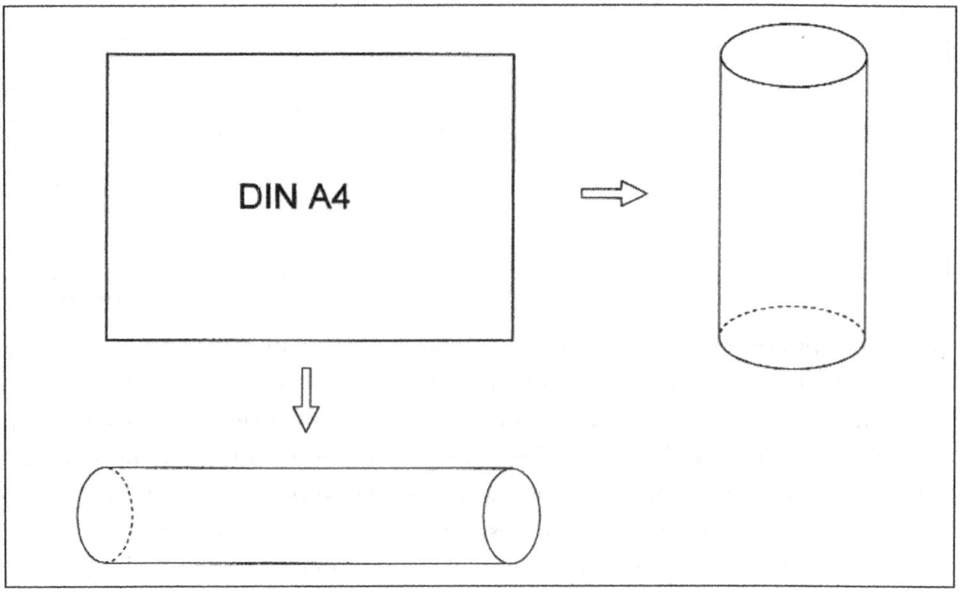

La respuesta es que no tienen el mismo volumen, como vamos a comprobar de manera analítica (calculando los volúmenes) y gráfica (metiendo un cilindro dentro del otro, y viendo que aún sobra espacio).

El volumen V de un cilindro de radio r y altura h es igual al área de la base (πr^2) multiplicado por la altura h, es decir, $V = \pi * r^2 * h$. El cilindro que se forma cuando tomamos como altura 21 tiene como longitud de la base la otra dimensión, 29.7, y el radio de la base será tal que la longitud de la circunferencia (que es igual a $2* \pi *r$) sea igual a 29.7. Es decir, $29.7 = 2* \pi *r$, de donde $r = 29.7/2 \pi$. Por lo tanto, el volumen V_1 será $V_1 = \pi * r^2 * h = \pi \quad (29.7/2 \pi)^2 * 21 = (29.7^2*21)/4 \pi$.

Si formamos ahora el cilindro con altura 29.7, la longitud de la circunferencia de la base será 21, y con un procedimiento similar al anterior resulta que el volumen V2 será ahora $V2 = (21^2* 29.7)/4\pi$. Como se ve, es menor que en el caso anterior, porque el denominador es el mismo y el numerador es más pequeño.

Tenemos así que, si la cantidad de papel que utilizamos es la misma, cuanto mayor es la altura menor es el volumen: algo que ya se sabe si se está acostumbrado a trabajar con sacos, como observó Galileo en su *Diálogo sobre las dos nuevas ciencias*[4].

Así, con cálculos ya está visto que el volumen varía. Vamos a verlo ahora de una manera intuitiva. Supongamos que tenemos la misma hoja de papel de antes. Hacemos un cilindro con ella, como se ve en la Figura 15. Lo partimos ahora por la mitad, lo pegamos a continuación y formamos un nuevo cilindro, que tendrá la mitad de la altura, pero el doble de longitud de la circunferencia de la base. Vamos a ver que este cilindro tiene mayor volumen. Para ello cortamos el primero por la mitad, de manera que obtenemos dos cilindros de igual altura que el más ancho. Si introducimos los dos dentro de él, todavía queda un espacio libre: su volumen es mayor.

Figura 15

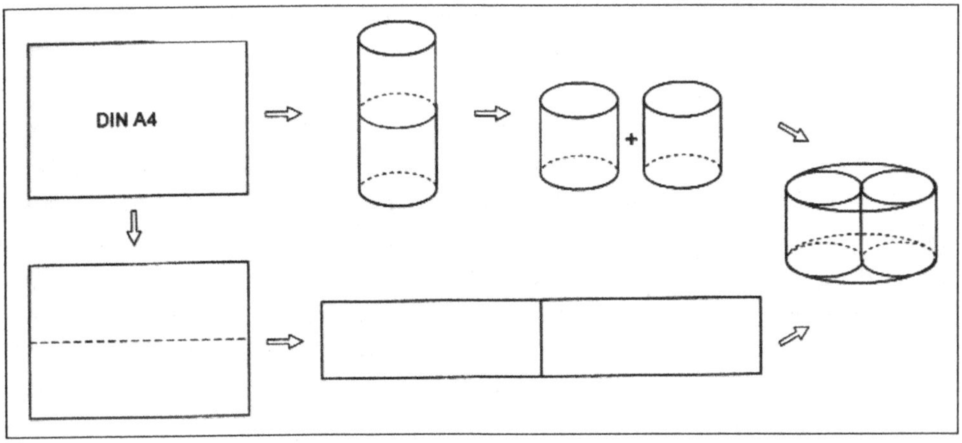

Ahora bien, la intuición, tal vez incluso la estructuración básica del pensamiento, nos hace pensar que si el área lateral del cilindro es la misma, también será igual el volumen. Y será así, salvo que se haga un razonamiento del tipo del que acabamos de hacer, o bien, como señalábamos antes, que se tenga alguna experiencia del trabajo directo con sacos. En otro caso las respuestas son las mismas, como comprobó E. Castelnuovo en su trabajo en torno a este problema con escolares europeos y africanos, que le permitieron poner en evidencia que «las estructuras mentales no cambian al pasar de un continente a otro»[5], y que sirven como forma de ver otra de las utilidades de las matemáticas, y bastante inesperada: que

4. Ver *Pentole, ombre, formiche. In viaggio con la matematica*, de E. Castelnuovo. Firenze. La Nuova Italia,1993.

5. "L'enseignement des mathematiques: ce qui est invariant dans un monde qui change", de E. Castelnuovo, en *Proceedings of the 42nd CIEAEM meeting*, University in Cracow, 1990.

más allá de ligeras diferencias, las estructuras profundas de todos los seres humanos son las mismas. Por lo tanto, se hace evidente que no tiene sentido ninguna forma de racismo ni de xenofobia.

Caso 5. El problema de los muebles

«Nos mudamos de casa. Andamos atareados con el jaleo que supone empaquetar y transportar los muebles y todos los cacharros. Por suerte la nueva casa es mucho más amplia y con luz a raudales. Pero tiene un ¿pequeño? inconveniente (en la vida nunca son todo ventajas ni todo inconvenientes): a la entrada hay un pasillo de un metro de ancho que hace un recodo en ángulo recto; a lo mejor los muebles no pasan por ahí. Y no es cosa de llegar allí con los muebles y si pasan bien, y si no, se tiran y ya está. Se trata de poder calcular cuál es la mayor longitud de un mueble que podrá pasar por el pasillo».

Se trata de uno de esos problemas típicos que parece obvio que todo estudiante, desde momentos muy tempranos de su recorrido escolar, tendría que saber resolver: no se necesitan grandes conocimientos matemáticos (sólo uno de los pocos resultados famosos a nivel popular, el teorema de Pitágoras, necesario para hallar diagonales) y responden a un problema real, que puede plantearse a cualquier persona en cualquier momento. Y además, como tiene un resultado sorprendente, no previsible a priori, su impacto perdura durante algún tiempo. Sin embargo, la experiencia demuestra que es muy difícil de abordar, incluso para alumnos de cursos superiores.

¿Cómo podemos abordar la resolución? Posiblemente el mueble más sencillo es una tabla, a partir de la cual podemos ir haciendo aproximaciones a un mueble real. En todo el recorrido por el pasillo, ¿cuál es el momento conflictivo? Por supuesto que el giro en ángulo recto, mientras sea recto no hay ningún problema. ¿Cómo llevaremos la tabla? Paralela a las paredes del pasillo, evidentemente. Si la llevamos horizontalmente (después veremos que inclinándolas se consigue pasar tablas mucho más largas), el máximo con que podremos girar el ángulo será igual a la diagonal de un cuadrado cuyo lado sea doble de la anchura del pasillo, como se ve en la figura. En nuestro caso, la diagonal de un cuadrado de dos metros de lado, aproximadamente 2.82 metros: un resultado sorprendente (si es L esa longitud, se tiene que $L^2 = 2^2 + 2^2 = 8$). Pero se puede comprobar con facilidad, sin tener que ir a un pasillo. Basta, sin salir del aula ni moverse del pupitre, con marcar en la propia mesa un pasillo de una anchura cualquiera y ver (un lápiz puede servir de tabla) que se puede transportar por él una tabla cuya longitud sea casi tres veces su anchura (Figura 16). Acabamos de hacer un modelo del problema, algo muy conveniente también en matemáticas, aunque no se suela hacer.

Pero todavía hay más. No es necesario limitarse a llevar la tabla horizontalmente, también podemos inclinarla, levantándola hacia el techo, y entonces puede ser incluso mucho más larga: tanto como la diagonal de un rectángulo uno de cuyos lados será la longitud anterior y el otro la altura del pasillo (Figura 17). Si tomamos como altura una muy frecuente de 2.5 metros, resulta que podremos pasar con una tabla cuya longitud es ¡de más de 3.75 metros! (Si es M la longitud, se tiene que $M^2 = L^2 + (2.5)^2 = 8 + 6.25 = 14.25$, con lo que M = 3.775 metros).

Figura 16

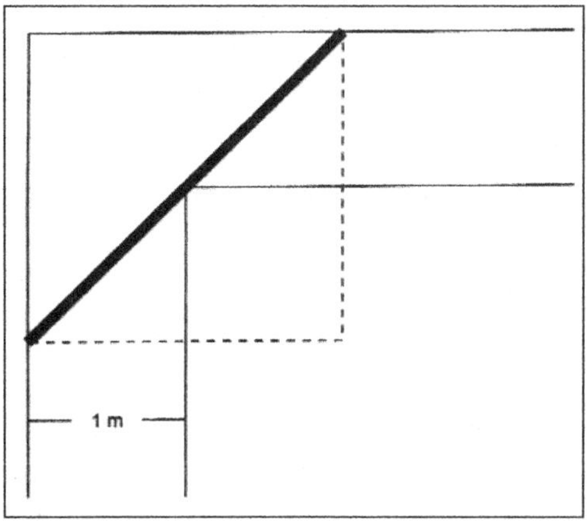

Figura 17

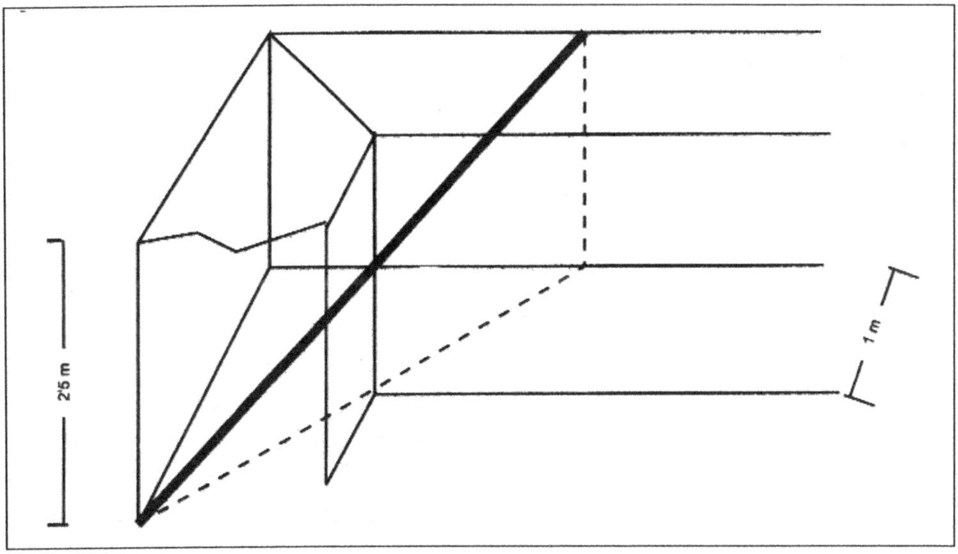

Para hacer los cálculos con un mueble real (un armario, por ejemplo) habría que hacer algunas correcciones a todo lo anterior, teniendo en cuenta que tiene una anchura y una altura, lo que hace que no pueda ser tan largo como las diagonales que hemos obtenido.

Con un problema de este tipo, además, se pone en cuestión otro de los mitos que los alumnos tienen sobre las matemáticas: que la fuente de verdad única e incontrovertible es el profesor (o el libro de texto a nivel subalterno). Aquí pueden ver que hay otra mucho más fiable, y que además hace innecesario el visto bueno del profesor: la experiencia; y además se puede adquirir no solamente a través de la comprobación directa, sino también con la realización de un modelo del pasillo y de los muebles que han de pasar por él. Tenemos así una actividad práctica de una de las etapas más importantes de la resolución de un problema: la modelización del mismo, el paso de la situación real a la abstracción de las características que nos permitirán abordar su solución.

Caso 6. El problema del rombo que se mueve

«Si cogemos cuatro barras iguales (por ejemplo de un mecano) y las unimos con tornillos, obtenemos un rombo, que además, por más que apretemos los tornillos, se mueve, está articulado (véase la Figura 18). Al ir moviéndolo van apareciendo nuevos rombos, en los cuales hay algunas magnitudes que permanecen constantes y otras que van variando. Fijémonos en algunas de ellas. Queremos saber en cada caso si permanecen fijas o si varían, y, en este último caso, cuándo son máximas y cuándo alcanzan el valor menor. En concreto nos interesan las magnitudes siguientes:

a. El perímetro
b. El área
c. La suma de los ángulos
d. El ángulo que forman las diagonales
e. La suma de las longitudes de las diagonales».

Figura 18

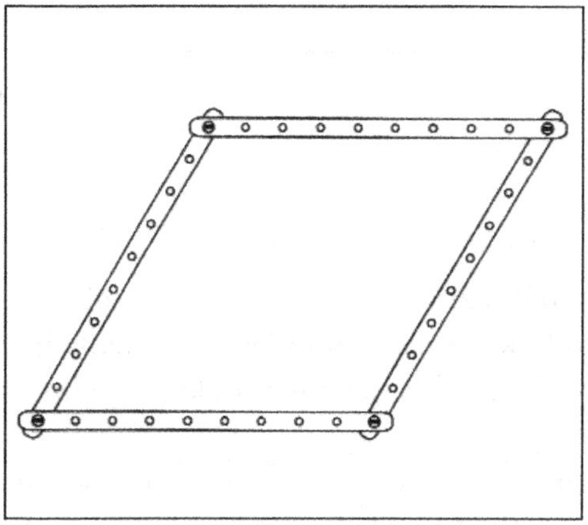

Tendremos ocasión de ir tratando cada uno de los apartados, pero antes queremos plantear algunas consideraciones generales. La primera de ellas es indicar que se trata de un caso de geometría móvil, algo poco frecuente en nuestras aulas de matemáticas, lo cual lo hace más interesante. La segunda, observar que con cuatro barras iguales, y por más que apretemos los tornillos de unión, no podemos conseguir un rombo rígido, inmóvil (y sería conveniente comprobarlo con las manos, no sólo con la mente). Es más, de entre todos los polígonos que podamos formar por barras unidas con tornillos sólo hay uno rígido: el triángulo. Todos los demás se mueven con facilidad. El hecho de que el triángulo sea rígido es lo que ha hecho que se utilice con profusión en la construcción: pensemos en las casas con el tejado a dos aguas (las casitas que suelen dibujar los niños), que están sujetas por una estructura triangular.

Por fin, queda señalar que algunos alumnos, según hayan aprendido la definición de rombo, pueden llegar a decir que el cuadrado que aparece en el movimiento de las varillas no es un rombo. Todo es opinable, pero nos enfrentaríamos a un problema de difícil solución si tomáramos esa decisión, porque en la variación del rombo habría un momento en el que tendríamos que dar un salto, para pasar por encima del caso del cuadrado. Sirva esta reflexión para recordar que las definiciones tienen su importancia.

Pasemos a ver qué sucede con las variables del problema:

a. En cuanto al perímetro parece evidente que es constante (puesto que las barras son rígidas) e igual a cuatro veces la longitud de una barra.

b. El área varía, aunque ya no es tan evidente. De nuevo, si proponemos el problema a un grupo de alumnos, hay división de opiniones, unos dicen que varía mientras otros opinan que es constante. Es importante, en cualquier caso, que la discusión se haga con un rombo móvil en la mano, no sólo con dibujos o con la imaginación (se pueden construir rombos móviles con barras de mecano, pero también con tiras de cartón o de plástico iguales agujereadas en los extremos con un taladrador de papel, y unidas con un simple clip o con otro útil similar que se tenga a mano). El razonamiento que vamos a dar a continuación sobre la causa de la variación del área corresponde a un alumno de unos 12 años que cambió de opinión, y explicó a sus compañeros las razones de este cambio. Primero decía que el área no variaba porque al mover el rombo, manteniendo uno de los lados

Figura 19

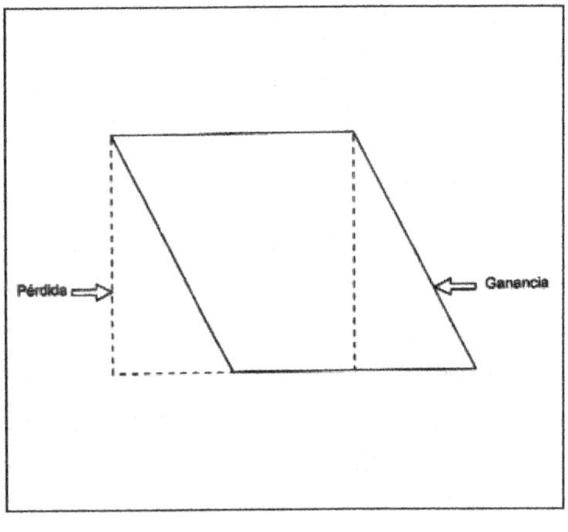

Figura 20

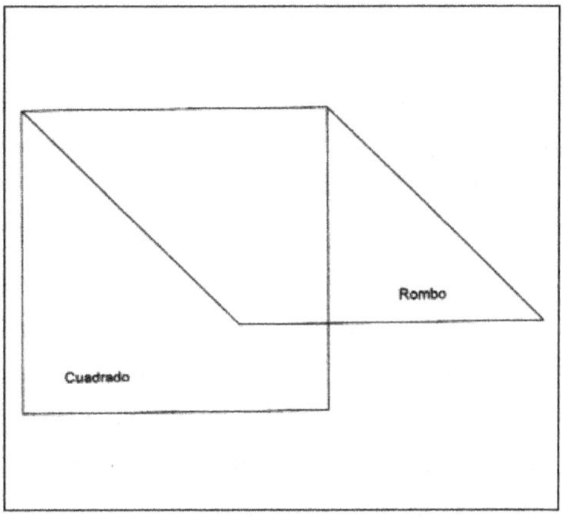

fijo, lo que iba perdiendo por un lado (un triángulo, ver Figura 19 en la página anterior) lo ganaba por el otro, algo que parece obvio. «Pero luego me he dado cuenta de que eso era cierto, pero que en conjunto, si partimos del cuadrado, juntando los triángulos, cada vez es más pequeño, porque un lado es constante, pero el otro cada vez es más pequeño» (ver la Figura 20). Con lo cual además, y por un razonamiento visual, se hallaba cuál es el rombo de mayor área: el cuadrado.

Problema 2

Puede ser un poco complicado, pero es interesante estudiar la función que nos expresa la variación del área, y representarla gráficamente. Una vez que esté hecho, se puede comparar con la curva de la variación del área en el caso 1, ¿es la misma?

c. En cuanto a la suma de los ángulos del rombo, no hay ninguna dificultad en admitir que es constante si previamente aceptamos que el resultado de la suma de los ángulos de un triángulo es fijo (extremo sobre el cual sería interesante indagar sobre las razones que se pueden dar al respecto, pero que nos llevaría muy lejos).

d. También es constante el ángulo que forman las diagonales, puesto que son perpendiculares entre sí (y no sólo eso, sino que se cortan en el punto medio). Los alumnos suelen conocer este resultado de una manera empírica, pero nunca se han planteado demostrarlo (conviene señalar que en general los alumnos suelen aceptar los resultados matemáticos como actos de fe, parece que sus profesores son la única fuente de verdad matemática; como consecuencia de ello, no es que no sepan demostrar los resultados, incluso en edades en que están capacitados para hacerlo, sino que ni siquiera se plantean la posibilidad de que sea algo factible). Es un buen momento para pensar en ello.

Problema 3

Buscar las razones por las que las diagonales de un rombo cualquiera son perpendiculares y se cortan en su punto medio. Una posibilidad, puestos a dar pistas, consiste en observar los triángulos isósceles que se forman al cortar el rombo por una diagonal.

e. Finalmente queda por ver si la suma de las diagonales es constante. De nuevo se puede observar lo que ocurre en los casos extremos. Cuando el rombo se hace tan plano que es un doble lado una de las diagonales se hace cero (o, como antes, tan próxima a cero como queramos) y la otra es el doble del lado, luego la suma es dos veces el lado. Mientras que cuando tenemos un cuadrado, las dos diagonales son iguales, y su valor es mayor que el lado (exactamente $\sqrt{2} * L$), luego la suma es mayor.

Problema 4

Se trata de que estudies cuáles son los valores máximos y mínimos que pueden tomar las diagonales mayor y menor de un rombo de lado L. O dicho de otra manera más técnica, cuáles son los intervalos de variación de las diagonales mayor y menor de un rombo. Y cuando los hayas obtenido te será fácil hallar el intervalo de variación de la diferencia entre ellas.

Puede parecer que este largo problema es una disquisición teórica sin ninguna aplicación en la vida real. Sin embargo hay que recordar (o mejor hacer ver) que los rombos (o paralelogramos en general) articulados se aplican en multitud de mecanismos que utilizamos todos los días, siempre que queramos mantener fija una determinada dirección. Para ello basta con fijar uno de los lados del rombo (o paralelogramo a una estructura que no se mueva): el lado paralelo tendrá siempre esa dirección. Algunos de los mecanismos en que aparecen son las cajas de herramientas, para mantener horizontales los cajones al abrirlos y que no se caigan los objetos que contienen; los pesacartas, para que no deslicen las cartas; los columpios, para mantenar horizontales los asientos; o los limpiaparabrisas de los autobuses, donde la escobilla se mantiene siempre vertical[6].

Caso 7. El envasado de líquidos

Actualmente, el recipiente más popular para envasar líquidos (leche, zumos, agua o incluso vino) es el llamado tetrabrick. Si nos paramos a pensar, es sorprendente que se le haya dado ese nombre, puesto que se trata de un paralelepípedo. Pero si hacemos un poco de historia, si retrocedemos unos años, encontraremos la razón. En efecto, los primeros recipientes de ese tipo eran tetraedros. Vamos a ver por qué cambiaron de forma.

El primer recipiente usado para envasar líquidos era un tetraedro: uno de los poliedros regulares, que está formado por cuatro triángulos regulares iguales (ver Figura 21). Y se adoptó ese cuerpo por una cuestión de economía de esfuerzos en la construcción y la soldadura: un tetraedro es muy sencillo de construir. Basta con efectuar dos cortes (y sus correspondientes uniones) perpendiculares a una cinta cilíndrica para obtener un tetraedro (ver Figura 22). Por lo tanto, la construcción de tetraedros era sencilla y económica, y este tipo de envase fue un

6. Si se quiere ver la manera en que se utilizan los paralelogramos articulados y muchos otros mecanismos en las matemáticas, se puede consultar el libro Matemáquinas. Las matemáticas que hay en la tecnología, de Brian Bolt. Barcelona. Labor, 1992.

Figura 21

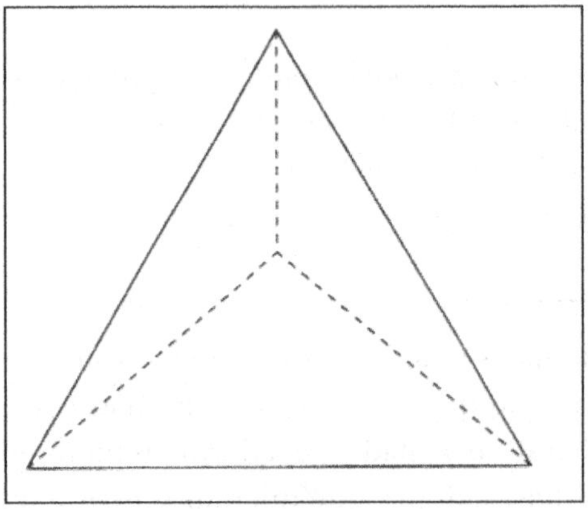

Figura 22

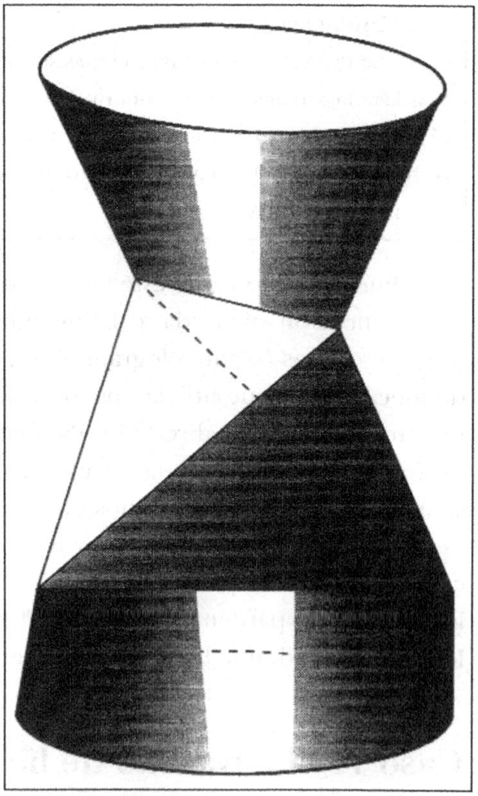

brillante hallazgo empresarial, porque además exigía realizar sólo dos uniones a lo largo de dos aristas. Sin embargo fue abandonado con relativa rapidez. ¿Cuál fue el motivo?

Para contestar a la pregunta intentaremos almacenar varios tetraedros (y valdría la pena poder hacerlo realmente para tomar una decisión a partir de la práctica). Por más pruebas que realicemos veremos que no hay ninguna posibilidad de hacerlo sin dejar huecos entre cada uno de los envases, huecos que representan un porcentaje importante del total del volumen ocupado. Y además es muy difícil adaptar el espacio a las cajas de embalaje habituales, que son paralelepípedos. Por consiguiente las ventajas de fabricación se pierden en el almacenaje y el transporte, así como en la adaptación a los recipientes ya existentes. De manera que los inconvenientes superan a las ventajas, e hicieron desistir de la fabricación de tetraedros. De ellos no ha quedado más que el nombre: los actuales paralelepípedos que se utilizan para los líquidos siguen llamándose tetrabrick.

Caso 8. Maximizar el volumen con una superficie dada

En este caso nos vamos a referir a una magnifica solución encontrada por unos animales con fama de hacendosos, pero no de inteligentes: las abejas. Se trata de encontrar la manera de encerrar el mayor volumen posible, para almacenar la miel, teniendo que construir para ello la menor cantidad posible de panal. Es, como señala Puig Adam, uno de los grandes pedagogos de la historia de nuestro país en uno de sus libros de bachillerato[7], «un problema técnico resuelto por las abejas».

Las abejas tienen que almacenar la miel y, como es sabido, lo hacen en unos recipientes hexagonales, concretamente prismas hexagonales regulares. De esta manera, según Puig Adam, ahorran gran cantidad de cera, por los siguientes motivos:

«1. Cada pared pertenece a dos celdas.
2. De todos los polígonos de n lados de igual extensión, el regular es el de menor perímetro.
3. De los tres polígonos regulares capaces de formar un mosaico (triángulo, cuadrado y hexágono), el de menor perímetro, a igualdad de área, es el hexágono. Las abejas adaptan instintivamente en la construcción de sus panales (por añadidura dispuestos dos a dos para aprovechar el fondo por ambos lados) la forma arquitectónica más económica de material (cera), a igualdad de capacidad de miel.»

Las consideraciones que se hacen en el punto 3 se deducen en parte de los casos que hemos analizado al principio de este capítulo.

Pero no acaban ahí las soluciones técnicas de las abejas. Se tiende a pensar que los panales acaban en una cara plana perpendicular al eje del prisma hexagonal. Pero la observación prueba que no es así, sino que acaban en tres caras rómbicas oblicuas, que no alteran el volumen total, pero sí la superficie. ¿Con qué ángulo están inclinados esos rombos? Si se calcula cuál sería el que haría que la superficie total fuera mínima, resulta ser de 70º30'[8]. Si se mide de forma experimental el ángulo que forman en la realidad se ve que hay una diferencia de tan solo 2', una diferencia realmente ridícula. ¡Las abejas han resuelto un problema de máximos y mínimos!

Finalizamos aquí el estudio de los casos, que quieren ser un muestrario de las muchas situaciones posibles que exigen la búsqueda de valores extremos. Y los hemos seleccionado porque requieren unos conocimientos matemáticos elementales. Pero además del interés que pueden tener por ellos mismos, quieren servir para llamar la atención sobre una multitud de casos en que también se han tomado soluciones de ese tipo. Y para alertar de que, tanto en la naturaleza como en los objetos diseñados por el hombre, casi siempre hay alguna razón para que sean como son.

7. Se trata de *Matemáticas 7º curso*, plan 1938, de P. Puig Adam, publicado en 1951 en Madrid, dentro de la Biblioteca matemática Rey Pastor-Puig Adam. De este libro se han extraído los datos que aparecen a continuación.

8. Para calcular este valor hay que utilizar la teoría de máximos y mínimos, haciendo la derivada de la función correspondiente. No nos detenemos aquí en este proceso, que desborda nuestras posibilidades. Si alguien está interesado en el mismo puede consultar el libro de Puig Adam ya citado.

Un juego sobre máximos y mínimos

A continuación presentamos un juego en el que hay que buscar, según los casos, configuraciones con alguna magnitud máxima o mínima. Su nombre es: "Área y perímetro máximo o mínimo". En realidad son dos juegos con varias variantes, y nos servirá para cerrar este capítulo[9].

1. *Material necesario*

Se necesita papel cuadriculado y los útiles habituales de dibujo. Es preferible utilizar cuadrados iguales de cartulina o de plástico para formar con ellos configuraciones planas.

2. *Reglas del juego*

El juego consiste en formar con los cuadrados (o dibujando en el papel cuadriculado) configuraciones formadas por cuadrados unidos por un lado completo que tengan las áreas o perímetros que se desee en cada caso. Tomaremos como unidad de medida de longitud para el perímetro el lado de los cuadrados y como unidad de superficie para el área la de los cuadrados.

Con el mismo material se pueden realizar dos juegos, que llamamos Juego A y Juego B, de los que damos las reglas a continuación.

JUEGO A. Además de los cuadrados se necesitan también tarjetas con el área de las configuraciones que queremos formar. En cada una de ellas habrá un número comprendido entre 5 y 10, ambos inclusive. Pueden jugar un número variable de jugadores, aunque lo mejor es que sean entre 3 y 5.

1. Se colocan las tarjetas boca abajo sobre la mesa. Uno de los jugadores, por turno, levanta una y lee el número escrito en la tarjeta: corresponde al área de la configuración que todos los jugadores tienen que dibujar (o formar con cuadrados).
2. Durante un tiempo prefijado para la jugada (que dependerá de la edad y las veces que se haya tratado el tema) se trata de dibujar (o formar) la configuración de esa área (y por tanto con ese número de cuadrados unidos por lados completos) cuyo perímetro exterior sea mínimo.
3. Pasado el tiempo de la jugada, se ponen en común todas las configuraciones. Gana el jugador o los jugadores que presenten un perímetro menor (véase Figura 23).

9. Está tomado del libro del autor *Juegos matemáticos para secundaria y bachillerato*, ya citado.

Figura 23

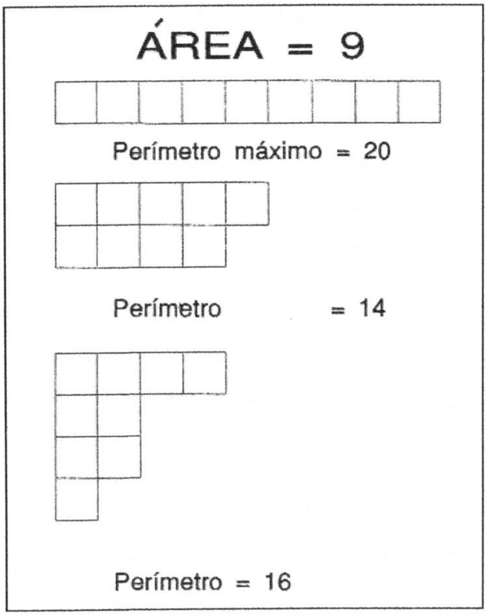

Figura 24

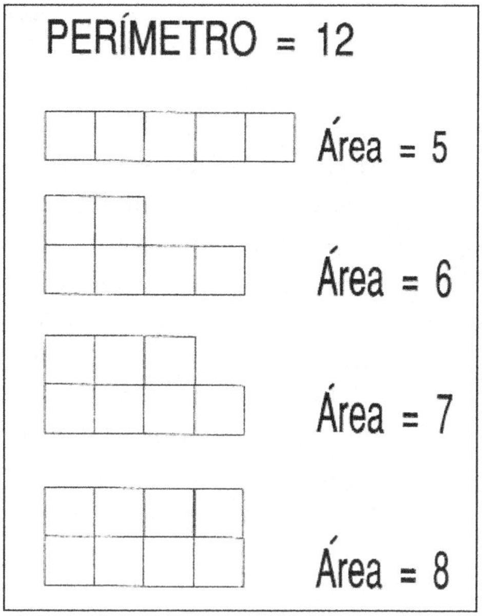

JUEGO B. Además de los cuadrados, se necesitan tarjetas con los perímetros de las configuraciones que queremos formar. En cada una de ellas habrá un número par comprendido entre 10 y 22, ambos inclusive. Pueden jugar un número variable de jugadores, aunque lo mejor es que sean entre 3 y 5.

1. Se colocan las tarjetas boca abajo sobre la mesa. Uno de los jugadores, por turno, levanta una y lee el número escrito en la tarjeta: será el perímetro de la configuración que hay que dibujar (o formar con cuadrados).
2. Durante un tiempo prefijado para la jugada (que dependerá de la edad y lo expertos que sean los jugadores en el tema) se trata de dibujar (o formar) la configuración de ese perímetro (para cuyo cálculo solo habrá que contar los lados que no están unidos con los de otros cuadrados) cuya área sea máxima.
3. Pasado el tiempo de la jugada, se ponen en común todas las configuraciones. Gana el jugador o los jugadores que presenten un área mayor (véase Figura 24)

3. *Posibles variantes*

JUEGO A.

– Se puede ampliar, cuando ya se esté entrenado, el intervalo de posibles áreas, poniendo también tarjetas de área mayor que 10.
– Se puede añadir un bloque de tarjetas en las que esté escrito “máximo”, “mínimo” o “intermedio”. En cada jugada se sacan dos tarjetas: una tarjeta con

el número del área y otra de este bloque. Si sale máximo, gana el jugador que presente la configuración de mayor perímetro; si es mínimo, el que lo presente menor; si es intermedio, el jugador que tenga un perímetro intermedio.

JUEGO B.

- Se puede ampliar, según el entrenamiento, el intervalo de posibles perímetros, poniendo también tarjetas de perímetro mayor que 22.
- Se puede añadir un bloque de tarjetas en las que esté escrito "máximo", "mínimo" o "intermedio". En cada jugada se saca una tarjeta con el número del perímetro y otra de este bloque. Si sale máximo, gana el jugador que presente la configuración de mayor área; si es mínimo, el que la presente menor; si es intermedio, el jugador que tenga un área intermedia.
- En el espacio. Se puede hacer un juego similar con cuerpos en el espacio partiendo de cubos iguales con los que se trata de formar configuraciones uniendo cubos de forma que tengan en común una cara completa. Las variables en este caso son el volumen (siendo la unidad el volumen de uno de los cubos) y el área lateral (tomando como unidad la superficie de las caras de los cubos). Es bastante más complicado por la falta de familiaridad con la geometría del espacio y la falta de imaginación espacial.

4. *Objetivos del juego*

- Buscar configuraciones con magnitudes máximas o mínimas. Para poner en cuestión esa idea tan intuitiva (y que sin embargo hemos visto que es falsa) según la cual si el área (o el perímetro) son constantes, el perímetro (o el área) también lo será.
- Desarrollar la intuición geométrica. Tratando de inducir resultados generales sobre las disposiciones más convenientes: para un área dada, cuanto más próxima sea a un rectángulo, menor será el perímetro; si se aproxima a una fila, mayor será el perímetro.

5. *Comentarios*

Se puede profundizar en el análisis del tema por medio de investigaciones asociadas a este juego, para intentar encontrar relaciones generales entre áreas y volúmenes máximos y mínimos. Un ejemplo puede ser el siguiente: Dada un área n, hallar el perímetro máximo y mínimo. Se puede obtener, a partir de la observación, que el perímetro máximo corresponde a los n cuadrados colocados en fila, cuyo perímetro es $(2n + 2)$. El perímetro mínimo se logra cuando se forma un rectángulo (lo que solo es posible si n es par, y entonces el perímetro mínimo es $(n + 4)$) o lo más próximo posible (cuando n sea impar, donde se tiene un rectángulo al que se ha añadido un cuadrado, por lo que el perímetro mínimo es $(n + 5)$).

6. EL MUNDO NO ES PLANO: LA TIERRA EN QUE VIVIMOS Y LA GEOMETRÍA EN TRES DIMENSIONES

A pesar de que la mayoría de las representaciones que manejamos son planas (libros, revistas y periódicos, pantallas de cine o televisión, los ordenadores, el papel, la pizarra de la escuela...), nuestro mundo tiene tres dimensiones. Y la tierra en su conjunto es algo muy parecido a una superficie esférica. Aproximación, a partir de situaciones concretas, a ambas geometrías.

Las representaciones de los objetos con los que tenemos contacto son en dos dimensiones. Así sucede en los libros, periódicos y revistas; en las fotografías; en dibujos y cuadros; en las pantallas del cine, de la televisión o de los ordenadores; y también, por referirnos a un ámbito escolar, en las hojas donde escribimos o tomamos apuntes y en la superficie de la pizarra. Sin embargo los objetos en sí mismos no son planos sino que tienen tres dimensiones, salvo en algunos casos especiales.

Esa situación es una fuente de problemas, si lo que queremos hacer es representaciones que nos hagan el efecto de que tienen profundidad, de que no son estampas en realidad sino maneras de hacer ver los cuerpos del espacio, de nuestra vida de cada día. Es el viejo problema de la perspectiva, en el que se relacionan la matemáticas y el arte. Para hacerse una idea sobre su evolución y las diferentes soluciones, con los grandes avances que se han ido adoptando, basta con observar obras de arte de distintas épocas. Es suficiente, por ejemplo[1], fijarse en las pinturas de los antiguos egipcios o griegos, pasando por el arte prerenacentista italiano, hasta llegar a las soluciones de Durero; y se puede terminar en el siglo XX con las falsas perspectivas o los objetos imposibles, entre las que son bien conocidas las obras del artista holandés Escher.

1. Sobre la perspectiva y su evolución a lo largo de la historia, puede consultarse el capítulo 4 del estupendo libro de E. Castelnuovo, ya citado antes, *Pentole, ombre, formiche. In viaggio con la matematica*. Firenze. La Nuova Italia, 1993.

Pero no vamos a tratar de la perspectiva en nuestro recorrido por fuera del plano. Porque una de las consecuencias apreciables en los escolares es la falta de imaginación para todo lo relativo a la geometría no plana, derivada del hecho de su falta de familiaridad con la misma. Para intentar paliarla, aunque sea en parte, vamos a ocuparnos de dos temas que creemos que pueden liberar la imaginación espacial.

Nos referimos, en la primera parte, a cuestiones que tienen que ver con la geometría esférica, situándonos en la superficie de la tierra, el planeta que habitamos, y haciendo recorridos por la misma, como si la sobrevoláramos a bordo de un avión (situación, por otra parte, cada vez más frecuente, y que se va a incrementar en el futuro). Y también haremos, en segundo lugar, una excursión con el cubo, con construcciones y puzzles que podemos formar con cubos iguales (por superposición o pegándolos).

El planeta en que vivimos: una superficie esférica

Todos sabemos en la actualidad (aunque para la humanidad no ha sido una adquisición sencilla ni rápida) que la tierra tiene, con mucha aproximación, la forma de una esfera. Sólo está ligeramente achatada por los Polos, que son los extremos del eje en torno al cual completa un giro en un día. O sea, que si tuviéramos que dar un modelo lo más parecido posible por medio de un objeto usual, nos tendríamos que referir a una naranja. Nosotros en lo sucesivo, despreciando ese ligero aplastamiento, vamos a considerar que la tierra es una esfera perfecta. Es decir, que todo lo que aquí aparezca será aplicable a cualquier otra esfera que podamos imaginar.

Si hay algún resultado matemático que los escolares tengan claro (y todos los ciudadanos, puesto que es una expresión de uso corriente) ese sería el que dice que "el camino más corto entre dos puntos es la línea recta". Y además que no sólo esa distancia es la mínima, sino que se mide sobre la única recta que une dos puntos cualesquiera. Es decir, que resume tres afirmaciones: que dados dos puntos hay siempre una recta recta que los une, que esa recta es única, y que si queremos ir de uno a otro de los puntos, la manera de que el recorrido sea lo más corto posible es seguir esa recta. Esa expresión lleva implícito, aunque nunca se diga, que estamos hablando del plano, que nos referimos al plano, único lugar en el que parece que tenemos alguna referencia geométrica, algún criterio al que recurrir.

Si estamos en una superficie esférica, se presenta, ya de entrada, un pequeño problema para aplicar este resultado: no hay manera de dibujar sobre ella ninguna recta. Por mucho que nos esforcemos, por más que busquemos trayectorias con cuidado, nunca podremos unir dos puntos a lo largo de la superficie esférica (sin penetrar en la esfera) por medio de una línea recta. Y más todavía, ninguna parte de una superficie esférica es plana.

Surge así, después de las afirmaciones anteriores, un cierto estupor, como una sensación de engaño. Puesto que vivimos en una superficie esférica, que es nuestro hogar, y en ella no hay ni planos ni rectas, ¿para qué estudiarlos? ¿Es otra de las partes de las matemáticas que no sirven para nada?

La respuesta es negativa. El estudio del plano es necesario porque, si miramos la tierra en pequeños fragmentos, las superficies que resultan las podemos asimilar a planos. Solo aparecen superficies esféricas (o porciones de la misma) en perspectivas más globales. Es lo mismo que ocurre cuando miramos un cuadro. Si nos interesamos en la expresión artística, lo hacemos en conjunto, en todo el cuadro. Pero si queremos restaurarlo tenemos que ir observándolo y aplicándole tratamientos en pequeñas porciones del mismo.

Pero ahora nos vamos a ocupar de la tierra en su conjunto, y por tanto vamos a hablar de superficies esféricas. Pasemos al primer problema: la distancia mínima entre dos puntos. Por ejemplo, entre dos ciudades alejadas, tales como Madrid y Tokio. Antes de estar en disposición de hallarla tendremos que tratar algunos otros aspectos.

Vamos a tratar antes con esferas de un tamaño menor, que podamos manejar con las manos (nos puede servir un globo terráqueo de los que suele haber en las casas o en los centros escolares), para llegar a tener una relación más próxima. Y para acostumbrar la mente a las nuevas ideas que necesitaremos. Supongamos que tenemos una de esas esferas y señalamos dos puntos en ella. De una manera evidente, ¿cómo podemos saber cuál es la trayectoria mínima entre esos dos puntos? Y más todavía, esa trayectoria, ¿será única como en el plano?

Antes de pensar en otras cosas suele ser conveniente acordarse de lo que dicen las compañías aéreas, cuyo negocio es volar alrededor de la tierra, donde se supone que eligen (al margen de las limitaciones de sobrevolar determinados puntos o zonas y de la necesidad de ir unidos a las estaciones de control) las trayectorias más cortas entre los aeropuertos de salida y llegada. Y bastantes compañías de aviación se refieren a distancias entre ellos siguiendo círculos máximos, o diciendo que llegan antes a su destino porque siguen trayectorias mínimas, o trazan en los mapas algunas rutas que parecen caprichosas (como sobrevolar los polos, por ejemplo). Retomaremos más adelante estos ejemplos.

Para encontrar la trayectoria mínima en una esfera de tamaño manejable basta con poner una goma tirante entre los dos puntos, sujeta de alguna forma (por ejemplo con chinchetas). Al dejarla libre, de manera automática se quedará sobre la superficie esférica siguiendo la trayectoria mínima. O sea que podemos visualizarla con facilidad. Pero subsiste la pregunta general: ¿de qué trayectoria se trata? Digamos ya, aunque no es mucho indicar, que se trata del arco menor del círculo máximo que pasa por los dos puntos. Y además, ¿es única esa trayectoria? La respuesta es que casi siempre sí, pero hay parejas de puntos entre las que hay infinitas trayectorias mínimas (es lo que pasa en la tierra con los polos norte y sur: se puede ir de uno a otro por un recorrido mínimo siguiendo cualquiera de los meridianos). Pero todo esto es suficientemente confuso (o poco claro) como para que sea necesario aclarar algunos conceptos previos y plantear algunas reflexiones. Es precisamente lo que vamos a hacer a continuación antes de retomar la pregunta sobre si existe y cuál es la trayectoria mínima entre dos puntos de una superficie esférica.

Cuestiones previas

Vamos a tratar aquí algunas cuestiones que nos serán necesarias más adelante para poder encontrar trayectorias sobre una esfera. Aunque impliquen manejar una gran cantidad de conceptos, nos servirán para familiarizarnos con la superficie esférica, que, como veremos, tiene unas propiedades muy diferentes de las de un plano, a las que estamos más acostumbrados.

1ª *cuestión*

Por el momento estamos en el plano. Y en él elegimos dos puntos A y B; ¿cuántas circunferencias pasan por estos puntos?, ¿sobre cuál de ellas es menor la distancia entre ellos?

Dados los dos puntos A y B podremos hacer tantas circunferencias como puntos haya en el plano que están a la misma distancia de los dos: bastará con tomar como centro cualquiera de esos puntos y como radio la distancia común a los dos puntos A y B. Y los puntos que cumplen esa condición son infinitos: los que forman la mediatriz m del segmento AB (la mediatriz es la perpendicular en el punto medio), como se ve en la Figura 25.

Figura 25

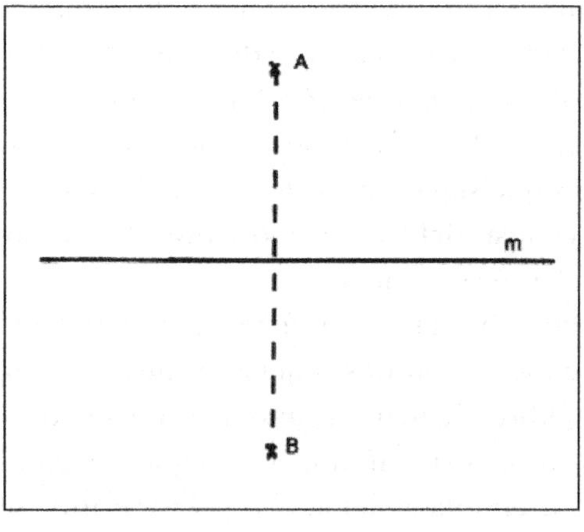

Tomamos como centros los puntos O_1, O_2, O_3,..., y trazamos las circunferencias respectivas C_1, C_2, C_3,... En ellas se ve que la distancia entre los puntos A y B medida sobre ellas es menor cuanto mayor es la circunferencia, es decir cuanto mayor es el radio, o, lo que es igual, cuanto más lejos está el centro (véase Figura 26). La distancia menor posible se encontrará cuanto más lejos esté el centro. Pero no hay ningún punto que cumpla esa condición, excepto en el límite, en el punto del infinito, donde la circunferencia se transforma en una recta, con lo que obtenemos el resultado ya conocido de que la menor distancia entre dos puntos del plano es la medida sobre la recta que pasa por ambos.

Figura 26

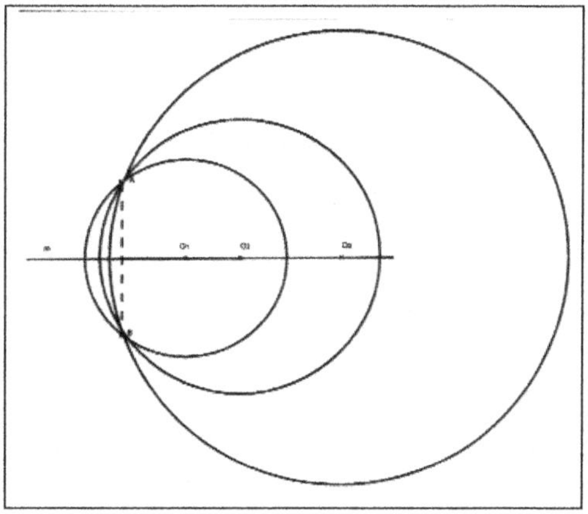

2ª *cuestión: Cortes planos de una superfice esférica*

Antes de seguir adelante, apuntaremos algunas definiciones para recordar y fijar conceptos. Llamamos esfera al cuerpo de revolución que resulta de girar un círculo alrededor de uno de sus diámetros. Y superficie esférica a la que resulta de girar una circunferencia alrededor de uno de sus diámetros. El centro de la circunferencia (punto que está a la misma distancia de todos los de la circunferencia) estará a la misma distancia de todos los de la superficie esférica así generada, y se llama centro de la superficie esférica. Por utilizar un lenguaje más corriente, una superficie esférica es una esfera hueca, sin nada por dentro, tal como una pelota. Por eso, si cortamos una esfera por un plano nos resultará una figura plana; si lo que cortamos es una superficie esférica, obtendremos una línea en el plano. Puesto que nuestro interés es ver lo que ocurre en las trayectorias sobre la superficie de la tierra, tendremos interés en pensar en la superficie esférica (puesto que no podemos introducirnos dentro de la misma), y por consiguiente a partir de ahora nos referiremos a superficies esféricas, aunque por abreviar alguna vez digamos esfera.

Si cortamos una superficie esférica por un plano, ¿cuál es la línea que resulta sobre la superficie? Siempre es una circunferencia, de radio mayor cuanto más cerca está el plano del centro de la esfera. Vamos a calcular ese radio.

La distancia de un punto A

Figura 27

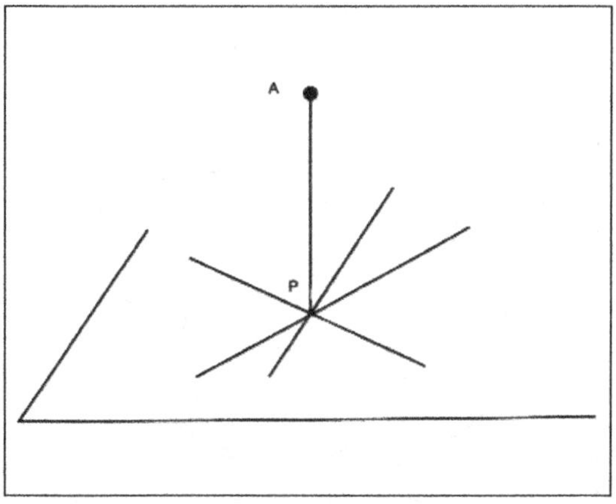

a un plano se mide haciendo una perpendicular desde el punto al plano, que supongamos que lo corta en el punto P. Entonces, esa recta perpendicular es perpendicular a todas las rectas del plano que pasan por P, como se indica en la Figura 27 (página anterior).

Figura 28

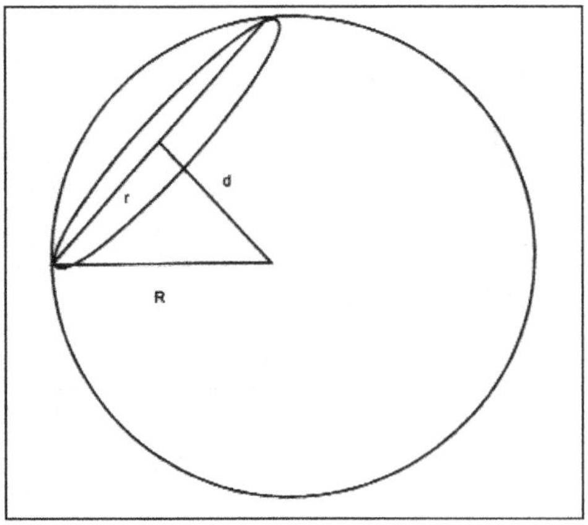

Sea d la distancia del plano al centro de la esfera y R el radio de la misma. Si r es el radio de la circunferencia de corte, se forma un triángulo rectángulo (Figura 28), con lo que podemos calcular el radio r, utilizando el teorema de Pitágoras.

También es evidente que cuanto mayor sea la distancia del plano menor será el radio. Los dos casos extremos se dan cuando la distancia es igual al radio (en cuyo caso el corte se reduce a un punto) o cuando la distancia del plano al centro es nula, es decir, cuando el plano pasa por el centro de la esfera, en cuyo caso el corte tiene un radio igual al de la esfera: es lo que se llama un círculo máximo (aunque sería más correcto circunferencia máxima). Así pues, se obtienen círculos máximos al cortar la esfera por planos que pasen por el centro.

3ª *cuestión* : *Circunferencias que pasan por dos puntos de la esfera*

Dados dos puntos sobre la superficie de la esfera, ¿cuántas circunferencias sobre la esfera pasan por ellos?, ¿siempre hay algún círculo máximo que pase por ellos?

Puesto que las circunferencias sobre la esfera resultan del corte de la misma con planos, será cuestión de ver cuántos planos pasan por esos puntos. Pero dos puntos determinan una recta, y por una recta pasan infinitos planos (es lo que sucede con las hojas de un folleto abierto y con sus hojas separadas, cada una es un plano y todas ellas pasan por la recta que determina el lomo). Así pues, hay infinitos planos que pasan por los puntos, y por lo tanto infinitos círculos sobre la esfera que pasan por los dos puntos. De entre todos esos planos sólo hay uno que pasa por el centro (ya sabemos que, así como una recta está determinada

Figura 29

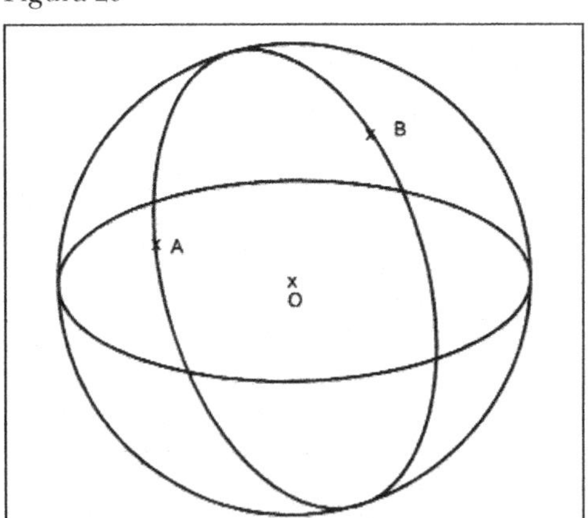

por dos puntos, un plano está determinado por tres puntos: en este caso es el plano determinado por los dos puntos y el centro de la esfera): su corte con la esfera es el círculo máximo que pasa por los dos puntos (ver Figura 29).

Así pues, siempre hay un círculo máximo que pasa por dos puntos dados. ¿Siempre es único? Pues no. Si los dos puntos A y B están en los extremos de un diámetro (lo que se llama puntos diametralmente opuestos), la recta AB pasa por el centro y cualquiera de los infinitos planos que pasan por ella corta a la esfera según un círculo máximo que pasa por los dos puntos (Figura 30).

Figura 30

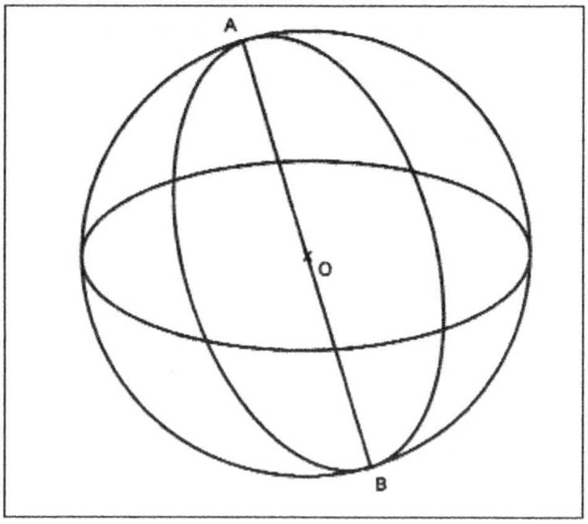

Por lo tanto, para resumir podemos decir que dados dos puntos en la superficie esférica existe siempre un solo círculo máximo que pasa por ellos, excepto en el caso de puntos diametralmente opuestos, en que hay infinitos círculos máximos que pasan por ellos.

Coordenadas sobre la esfera

Es conocido que en el plano, si tomamos un par de rectas que se cortan (y que en general se eligen perpendiculares entre sí) y una unidad de medida en cada una de ellas, tenemos un sistema de coordenadas: cada punto del plano viene definido de manera única por una pareja de números.

Algo parecido se puede hacer con los puntos de la superficie esférica. Pero hay que definir antes algunos conceptos, que referiremos despues a la superficie de la tierra, para facilitar su comprensión.

Los círculos sobre el plano, como hemos visto, resultan de cortar una esfera por un plano. Por tanto lo que les suceda a los círculos tiene que ver con lo que les pase a los planos sobre los que estén situados. Por eso empezamos hablando de planos. Dados dos planos cualesquiera,

Figura 31

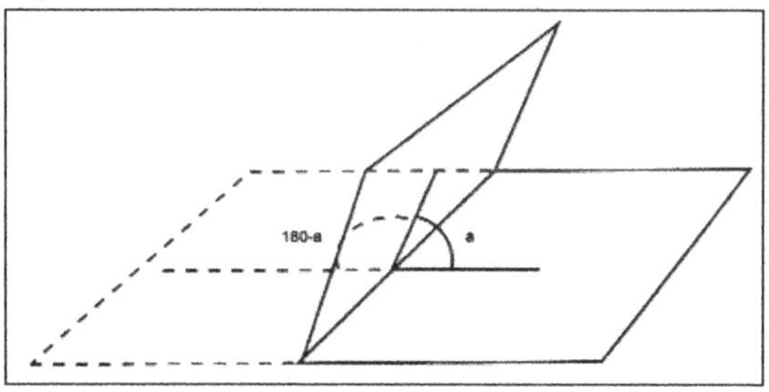

pueden ser paralelos (si no tienen ningún punto común) o cortarse. Caso de que lo hagan, se cortan según una recta (podemos pensar en lo que pasa con las hojas de un libro o cuaderno: la recta común es el lomo). Lo que es imposible es que dos planos tengan en común un solo punto o unos cuantos. ¿Cómo medir el ángulo que forman dos planos? Hay que elegir un punto cualquiera de la recta de corte, dibujar a partir de ese punto una recta sobre cada uno de los dos planos (ver la Figura 31 en la página anterior), que sean perpendiculares a la recta de corte, y el ángulo que forman esas dos rectas (que están situadas en un plano perpendicular a la recta intersección de los dos planos oroginales) es el ángulo que forman los planos. A decir verdad se pueden medir dos ángulos, pero suman 180º, con lo que se puede coger cualquiera de los dos, porque conocido uno de ellos conoceremos el otro.El ángulo que formen dos círculos sobre una superficie esférica (máximo o no) será el mismo que el que forman los planos que los determinan por corte de la esfera (se puede visualizar sacando un gajo de una naranja o mandarina, cuyas caras son porciones de círculos máximos; cuanto mayor sea el ángulo mayor es el gajo).

Figura 32

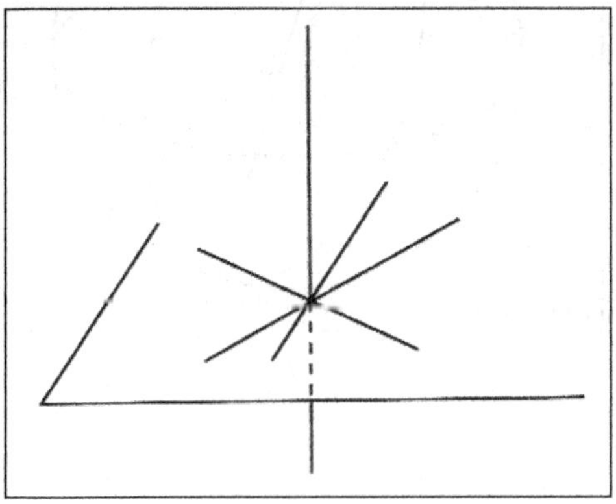

Si tenemos un plano y una recta que lo corta, diremos que la recta es perpendicular al plano cuando es perpendicular a todas las rectas del plano que pasan por el punto de intersección de la recta y el plano (ver Figura 32).

Imaginemos ahora que tenemos un círculo máximo en una esfera (que hay que recordar que es el resultado de cortar la esfera por un plano que pasa por el centro), y que trazamos la recta perpendicular al plano que pasa por el centro. Esa recta corta a la esfera en dos puntos que se llaman polos del círculo. Por los polos de un círculo pasan infinitos círculos máximos (puesto que los polos son puntos diametralmente opuestos), todos perpendiculares al círculo máximo y que se llaman meridianos (Figura 33).

Figura 33

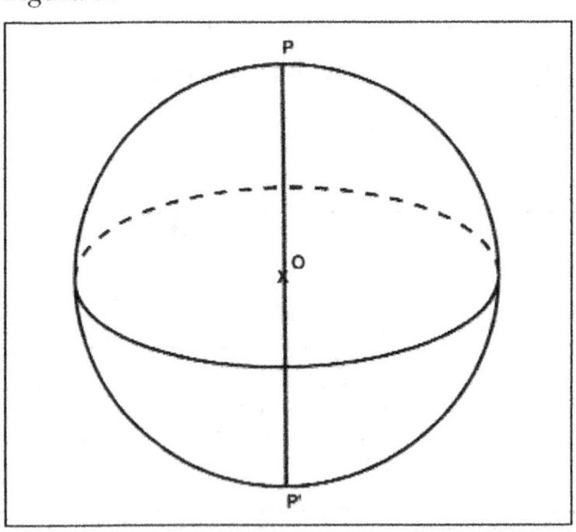

Si cortamos una superficie esférica por una serie de planos paralelos entre sí, los círculos que determinan en la esfera no tienen ningún punto en común: se llaman círculos paralelos. O también, si uno de ellos pasa por el centro será un círculo máximo, que se llama ecuador, y los círculos restantes serán paralelos a él (Figura 34).

Antes de poder definir los "ejes" de las coordenadas sobre una superficie esférica tenemos por fin que definir el ángulo en el centro correspondiente a un arco en una circunferencia. Supongamos que tenemos una circunferencia y en ella un arco limitado por los puntos A y B. La manera de medir ese arco consiste en trazar los radios OA y OB correspondientes a los extremos y medir el ángulo que forman. Así, un cuadrante de circunferencia (la cuarta parte de una circunferencia) es un arco de 90º, o una semicircunferencia es de 180º (Figura 35).

Vamos a imaginar ahora una esfera cualquiera. Fijamos en ella un círculo máximo cualquiera y sus polos y consideramos también los meridianos correspondientes, de entre todos los cuales elegiremos uno cualquiera como meridiano 0 u origen. Estos dos círculos máximos (que son perpendiculares entre sí como lo eran los ejes de coordenadas del plano) serán los "ejes" de coordenadas en la esfera. Lo explicaremos en el caso de la tierra.

En esta superficie esférica no tenemos que elegir círculo máximo, porque los polos ya nos vienen dados: son los extremos del eje alrededor del cual gira la tierra sobre sí misma una vez al día. El círculo máximo que elegimos es el perpendicular a ese eje: el ecuador. Los

Figura 34

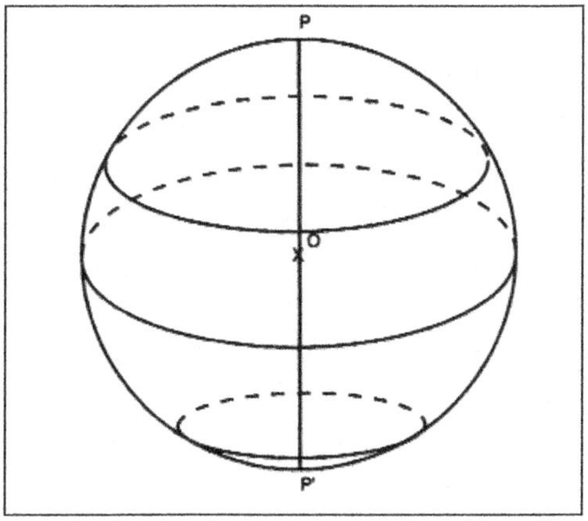

Figura 35

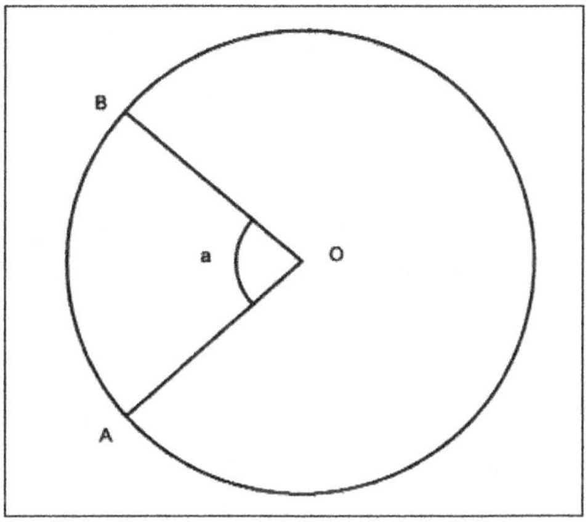

Figura 36

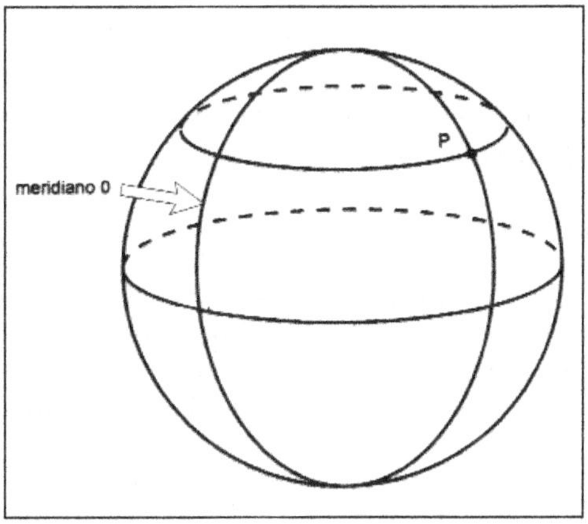

meridianos son los cículos máximos que pasan por los polos, y por tanto son perpendiculares al ecuador. Y se escogió como meridiano 0 el que pasa por Greenwich[2]. Una vez que tenemos esos dos círculos máximos, ¿cómo fijar las coordenadas de cada punto? Dado un punto P cualquiera sobre la esfera, pasan por él un único meridiano (que es la intersección con la esfera del plano definido por el punto y los dos polos) y un único paralelo (intersección con la esfera del único plano paralelo al del ecuador que pasa por el punto), como se aprecia en la Figura 36 (página anterior).

Se trata ahora de medir algunos ángulos para individualizar esos círculos. El ángulo que forman los planos del meridiano de Greenwich y el plano del meridiano del punto es el que determina si el punto se encuentra al este o al oeste de dicho meridiano y es la primera de las coordenadas, que se llama longitud. Es evidente que será la misma para todos los puntos de un mismo meridiano. La longitud variará entre 0º y 180º este y 0º y 180º oeste[3].

Para fijar el paralelo del lugar hay que medir la distancia (que se hará por un arco) que lo separa del ecuador: será la medida del arco de meridiano que pasa por él desde el punto hasta el ecuador, que recibe el nombre de latitud. Variará entre 0º y 90º norte, y entre 0º y 90º sur. El radio de los paralelos es menor que el del ecuador o cualquier otro círculo máximo. Para calcular ese radio habrá que multiplicar el radio de la tierra por el coseno de la latitud[4].

Problema 1

El punto diametralmente opuesto de Zaragoza (lo que se suele llamar las antípodas) es aproximadamente la ciudad de Wellington, en Nueva Zelanda. Sabiendo que las coordenadas de Zaragoza son 41º36'norte, 1ºoeste, calcula las coordenadas de Wellington.

Hay muchos puntos del planeta que se encuentran a la misma distancia de Zaragoza y Wellington ¿Estos puntos forman alguna figura? En caso afirmativo, ¿cuál es? (Todos esos puntos forman lo que en matemáticas se llama el lugar geométrico de los puntos equidistantes de las dos ciudades).

2. Greenwich es una localidad cercana a Londres en la que existe un observatorio astronómico. Es de observar que, como en tantos otros casos, ha sido una elección basada en considerar a Europa el "centro", lo más importante de la tierra, en este caso desde un punto de vista geográfico. El meridiano de Greenwich pasa entre Zaragoza y Barcelona.

3. La medida de la longitud se puede tomar sobre el ecuador o cualquiera de los paralelos, y es la del arco comprendido entre los cortes del meridiano del lugar y el meridiano 0.

4. Si tenemos un triángulo rectángulo cualquiera y nos fijamos en uno de sus ángulos agudos, el cociente entre el cateto contiguo y la hipotenusa es el coseno del ángulo. Este cociente no depende del triángulo rectángulo que elijamos (lo mismo que ocurre con la tangente a la que nos referimos en el capítulo 2). Su valor se puede hallar en las calculadoras.

Problema 2

Dos aviones hipotéticos parten a la vez y a la misma velocidad desde el polo norte, siguiendo la dirección de dos meridianos; uno de ellos el de 30ºE y el otro el de Greenwich. Suponemos que la autonomía de los dos aviones les permite dar la vuelta a la tierra sin detenerse. ¿A qué distancia se encuentran cuando están a una latitud 60ºN? ¿Y en el ecuador? ¿Y cuando están a 30ºS? ¿Estarán solamente una vez en esa situación? ¿Se encontrarán en algún momento de su recorrido? En las dos últimas preguntas, si la respuesta es afirmativa, di el número de veces y los lugares en que sucederá.

De esta forma, con dos números, la longitud y la latitud, fijamos cualquier punto de la tierra (y en general de una superficie esférica). Y viceversa, dado un punto cualquiera de la tierra, podemos fijar sus coordenadas.

Una vez tratadas estas cuestiones y después haber visto la manera de hallar las coordenadas de un punto de la tierra, estamos en condiciones de retomar el problema original: la búsqueda de trayectorias mínimas sobre la superficie de la tierra, o lo que es lo mismo, de las rutas aéreas más cortas, más directas, para desplazarse entre dos lugares.

Trayectorias mínimas por la tierra

Como ya hemos comentado, la tierra es con mucha aproximación una esfera. Calcular con precisión su forma y su tamaño ha sido una tarea que ha supuesto grandes esfuerzos teóricos y prácticos durante miles de años, y que constituye una de las aventuras más apasionantes y uno de los logros más destacados de la historia del pensamiento humano, y ha estado estrechamente ligada a la astronomía. No es el momento de referirse a ella ni siquiera en líneas generales, pero no queríamos dejar de hacer una breve referencia a este tema.

La medición definitiva del radio de la tierra parte de una de las primeras decisiones de la Asamblea Nacional francesa posterior a la Revolución de 1789, que ordenó la puesta en marcha de un sistema métrico de carácter universal, sin apelación a localismos de ningún tipo. Para poder fijar una unidad de medida que hiciera referencia a la tierra en su conjunto, se midió con precisión un meridiano y a partir de ahí se definió la unidad del sistema, el metro: la diezmillonésima parte del cuadrante del meridiano terrestre.

Por consiguiente, con esta nueva unidad, base del Sistema Métrico Decimal, utilizado en todo el mundo, la circunferencia máxima de la tierra medirá 40 millones de metros, y por tanto su radio será de unos 6 366 kilómetros[5].

Problema 3

Vamos a proponer un problema-ficción. Un andarín infatigable y alto (de 2 metros) se propone dar la vuelta a la tierra andando. Tras mucho buscar encuentra un artilugio que le permite desplazarse por toda la superficie del planeta, incluso por encima de las aguas. Con muchos esfuerzos logra su hazaña, y en la nebulosa de su cansancio una pregunta que no sabe responder no le deja descansar: «mis pies han recorrido 40 000 km, ¿pero mi cabeza, dos metros más arriba, cuánto ha recorrido?». Es seguro que se merece un descanso: vamos a darle la respuesta.

Dados dos puntos de la tierra, estamos en condiciones de saber cuál es la trayectoria mínima entre ellos. Supondremos primero que los puntos no son diametralmente opuestos. En primer lugar recordemos (cuestión 3 anterior) que por esos dos puntos pasan tantas círcunferencias situadas sobre la superficie esférica como queramos: los cortes de todos los planos que contienen a la recta definida por los puntos. Solamente uno de ellos, que tiene como radio el de la tierra, es un círculo máximo, el corte con la esfera del plano definido por los dos puntos y el centro de la tierra. De entre todos esos arcos de circunferencia tendrá menor longitud (cuestión 1) el que corresponda a una circunferencia de mayor radio. Luego la distancia mínima entre los dos puntos es única y corresponde al arco de círculo máximo que pasa por los dos puntos.

Si los dos puntos que nos dan están en los extremos de un diámetro (como pasa con Zaragoza y Wellington, según hemos visto antes), todos los círculos que pasan por ellos son máximos, y la distancia a lo largo de todos ellos es la misma, y es mínima.

Por tanto, recapitulando, y comparando con el plano, la función de las rectas (ser la trayectoria de distancia mínima) la cumplen en la esfera los círculos máximos. Pero así como en el plano esa trayectoria siempre era única, en la esfera no ocurre lo mismo en los puntos diametralmente opuestos, en los que no hay una, sino infinitas trayectorias mínimas. Tenemos ya una importante diferencia con lo que pasa en el plano. Veremos otras.

5. Este es, aproximadamente, el radio ecuatorial. La tierra es, como se sabe, achatada por los polos. Para poder asegurar este hecho hubo que medir con precisión el radio del ecuador terrestre, para lo cual se hizo una expedición organizada por los franceses al país Ecuador (entonces colonia española), y se tomó la medida en las cercanías de su capital Quito, en el lugar que llaman con cierta falta de precisión "La mitad del mundo". En esa expedición participaron los españoles Ulloa y Jorge Juan.

Problema 4

Un aviador se dispone a partir en solitario en un avión privado desde Barcelona cuando le piden que lleve a un pasajero con él. Sin dudar contesta afirmativamente y comenta: «Vaya donde vaya este pasajero no me hará desviarme de mi ruta». ¿Hacia dónde se dirige el aviador?

Vamos a ver la diferencia de distancia que supone ir por la trayectoria mínima y otras que parecen más lógicas. Tomemos las ciudades de Madrid y Tokio, que están ambas aproximadamente a la misma latitud: 40º N, y cuyas longitudes respectivas son 4º O y 140º E[6]. Vamos a calcular la distancia entre ellas siguiendo tres trayectorias diferentes.

Elegiremos en primer lugar el recorrido que parece evidente: puesto que están en el mismo paralelo, basta seguir a lo largo de él, en la trayectoria que parece más recta. En segundo término, y puesto que en los folletos de las compañías de aviación se habla de trayectorias por encima de los polos, pensaremos en un recorrido que saliendo de Madrid y a lo largo de su meridiano llegue hasta el polo norte, desde donde seguirá hasta Tokyo siguiendo el meridiano de esta capital. Y por fin, la trayectoria mínima, a lo largo del círculo máximo que pasa por las dos ciudades[7].

Calcularemos las distancias en los tres casos. En el viaje a lo largo del paralelo, recorreremos una arco de 144º (140 + 4). Para saber su longitud hay que calcular el radio del paralelo de 40º de latitud norte. Según hemos visto al final del apartado anterior ese radio R' será, siendo R el radio de la tierra:

R' = R * coseno 40º = 6366 km * 0.766 = 4 877 km

La distancia de un arco de 144º se halla a partir de la distancia de todo el paralelo (que corresponde a un arco de una vuelta completa, 360º), dividiéndola por 360 (con lo que tenemos la longitud de un arco de 1º) y multiplicando por 144. Se tiene así la distancia P por el paralelo:

P = (2 * π * 4 877 * 144)/360 = 12 257 km

Fijémonos ahora en la trayectoria por los meridianos, pasando por el polo norte. Puesto que parte de Madrid, que está a 40º N, el aviador tendrá que reco-

6. En realidad las coordenadas de las dos ciudades son Madrid 40º25'N, 3º40'O; Tokyo 35º48'N, 139º45'E. Para los cálculos que vamos a hacer es suficiente la aproximación que tomamos.

7. Si se tiene a mano sería conveniente seguir este apartado con un globo terráqueo para observar en él los recorridos a los que hacemos referencia.

rrer un arco de 50º de círculo máximo hasta el polo (que está a 90ºN), y bajar otros 50º hasta llegar a Tokyo. En total, pues, un arco de 100º de círculo máximo, de 6366 km. de radio por tanto. Haciendo igual que antes, la longitud M será:

$$M = (2 * \pi * 6\,366 * 100)/360 = 11\,111 \text{ km}$$

Primera sorpresa, ¡esta distancia, por una trayectoria que parecía descabellada, es sustancialmente más corta -más de mil kilómetros- que la que creíamos lógica!

Pero aún nos queda por ver cuál es la distancia mínima, que es difícil de calcular, porque conocemos el radio del círculo (que por ser máximo es el de la tierra), pero no es fácil calcular de manera elemental cuántos grados de arco son. Utilizando el recurso de consultar las tablas de distancias mínimas vemos que es D = 10 790 km, bastante próxima a la anterior. Y es que podemos comprobar sobre un globo terráqueo (con el procedimiento que hemos comentado en el primer apartado de este capítulo, que consistía en poner una goma tirante entre los dos puntos) que la trayectoria mínima es bastante cercana a la circumpolar.

Así las cosas se entienden un poco mejor algunas rutas que siguen los aviones en trayectos largos (y que suelen aparecer en las revistas que entregan las compañías en los aviones). Comentaremos algunas. Por ejemplo, Iberia en su ruta hacia Tokyo no utiliza la trayectoria mínima que hemos calculado antes porque hace escala en Moscú; pero desde allí sale hacia el norte, a pesar de que Tokyo se halla más al sur. O Alitalia en su vuelo entre Milán, situado a unos 45ºN, y Los Angeles, a unos 35ºN, sale hacia el norte y sobrevuela Groenlandia. O, por fin, Aerolíneas Argentinas, en su viaje entre Buenos Aires y Sidney (Australia) sobrevuela el Polo Sur. Todos esos trayectos, que parecen caprichosos y mucho más largos que otros, corresponden con mucha aproximación a las trayectorias mínimas, que como hemos visto suponen importantes ahorros de kilómetros y, por lo tanto, de tiempo.

Hemos visto que en la superficie terrestre se dan algunas propiedades diferentes de las del plano. Pero aún quedan otras: es el tema del apartado siguiente.

Unos extraños triángulos

Otro resultado de geometría plana muy conocido es que la suma de los ángulos de un triángulo cualquiera es siempre la misma, e igual a 180º, lo que se llama un ángulo llano, porque es el formado por dos lados que están en línea recta[8].

En cambio, en la superficie esférica la suma de los ángulos de un triángulo, limitado por el equivalente esférico de las rectas, los círculos máximos, no es siempre la misma. Veámoslo con algún ejemplo.

Supongamos un triángulo limitado por dos cuadrantes de meridiano y un arco de ecuador, cuyos vértices sean el polo norte y los puntos de corte de los meridianos con el ecuador (ver la Figura 37). En ese triángulo los dos ángulos de los vértices del ecuador son de 90º, puesto que, como hemos dicho, los meridianos son perpendiculares al ecuador. Luego entre ellos ya suman 180º. Lo que mida el tercer ángulo, el del vértice situado en el polo, es lo que pasará de 180. Y además según sea ese ángulo, que puede variar, y para ello basta con elegir otros meridianos, la suma de los ángulos del triángulo también variará.

Figura 37

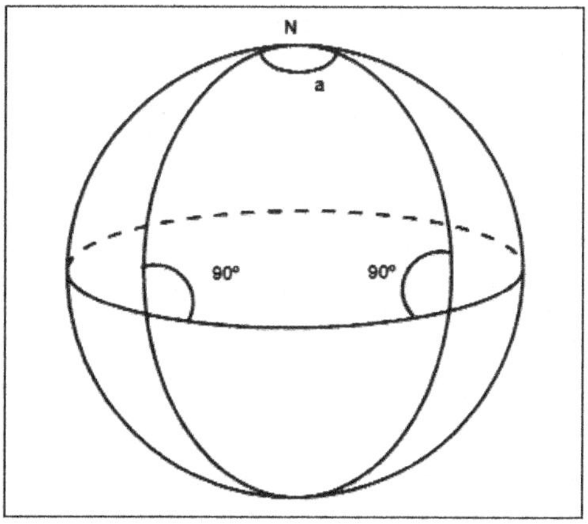

Es decir, que la suma de los ángulos de ese triángulo será (180º + a). Y basta con hacer a distinto para que esa suma cambie.

La razón de esta variación es que en el plano las dos propiedades siguientes son equivalentes:

– Por un punto exterior a una recta existe una sola paralela a la misma.
– La suma de los ángulos de un triángulo plano es igual a 180º.

Pero en la superficie esférica no se cumple la equivalente a la primera (como veremos ahora mismo), y por consiguiente tampoco lo hace la segunda.

Veamos lo del paralelismo. Elijamos una "recta" de la superficie esférica, es decir, un círculo máximo, y un punto exterior al mismo. ¿Cuántos círculos máximos existen que pasen por ese punto y no tengan ningún punto común con él? La respuesta es que no existe ninguno. Más todavía, dados dos círculos máximos cualesquiera en la esfera, se cortan siempre. En efecto, todos los círculos máximos son resultado de la intersección de planos que pasan por el centro, luego todos esos planos tienen en común el centro de la esfera; por tanto se cortan según una recta que pasa por el centro, luego los círculos se cortan según un diámetro de la esfera. Es decir, que todas las "rectas" de la esfera se cortan, no hay paralelismo. Y por consiguiente los ángulos de un triángulo no suman 180º.

8. A pesar de que este resultado sea muy conocido no siempre se es capaz de dar alguna evidencia sencilla. Aportamos una. Elijamos un triángulo cualquiera y pongamos un lápiz en uno de sus lados con la punta mirando hacia un lado. Lo desplazamos hasta el otro vértice y allí le damos un giro igual al ángulo hasta hacerlo coincidir con el otro lado; lo desplazamos de nuevo hasta el vértice siguiente y hacemos lo mismo; y por fin lo hacemos en el tercer vértice. El lápiz aparece ahora en el sentido contrario en el que empezamos: ha cambiado el sentido, ha hecho un ángulo de 180º, que es la suma de los tres ángulos del triángulo.

Pero queda una duda por resolver, ¿no hemos dicho que hay paralelos en las esferas? Por supuesto que sí, son circulos que están sobre planos paralelos. Pero hay una pequeña observación que hacer: sólo uno de ellos es círculo máximo. Todos los demás tienen un radio menor, y esos no son los que nos dan los caminos mínimos sobre la esfera.

Por acabar pues, en el paso de la geometría de una pequeña zona a la de las grandes extensiones, pasamos de la geometría plana a la geometría esférica. Y en ese tránsito se pierden algunas de las propiedades más evidentes y más asumidas como propias. En la esfera hay puntos con infinitas trayectorias mínimas entre ellos, y cuando hay una sola, que es lo que sucede en otros casos, se trata de un arco de círculo máximo, no de rectas, que no existen sobre la esfera. Y así como en el plano existen rectas que se cortan y otras sin ningún punto común, en la esfera todas las trayectorias mínimas se cortan, y además lo hacen en dos puntos. Y como consecuencia de todo ello, tampoco es fija la suma de los ángulos de un triángulo, como pasaba en el plano.

Problema 5

Un caminante sale de un lugar y recorre 100 km en dirección sur; a continuación 100 km más en dirección oeste y, por fin, otros 100 km hacia el norte y vuelve al punto de donde salió. ¿Dónde se encuentra?

Asomándose a la geometría del espacio

Vamos a dar un ligerísimo vistazo a la geometría en el espacio de tres dimensiones, que es donde se desarrolla nuestra vida, y que, sin embargo, casi ha desaparecido por completo de las aulas de matemáticas, si exceptuamos las áreas y volúmenes. Vamos a hacer actividades con cubitos de madera, de los que necesitaremos una buena cantidad (al menos unos treinta para cada alumno). Y acabaremos con un puzzle muy entretenido: el "Cubo soma".

Partiremos del plano, porque el conocimiento y el manejo de la geometría plana es mayor por parte de nuestros alumnos, y desde allí podemos dar el salto al espacio.

Actividad 1. Formar todos los hexaminós que construyen un cubo

Una ficha de dominó tiene la forma de dos cuadrados iguales unidos por un lado. A partir de ahí se ha acuñado el nombre de poliminós: figuras planas formadas por cuadrados unidos por lados completos (que serán triminós, tetraminós o pentominós si tienen tres, cuatro o cinco cuadrados). Así llegamos a los hexaminós: seis cuadrados iguales unidos por un lado. Que se pueden ver como seis cuadrados unidos o como el resultado de 'desplegar' un cubo, si tenemos un cubo forrado con papel y lo extendemos en el plano.

¿Cuántos hexaminós diferentes hay? En primer lugar hay que definir cuándo son diferentes dos hexaminós. Una buena solución consiste en afirmar que que lo son cuando se pueden hacer coincidir por desplazamientos en el plano (sin tener que levantarlos). A partir de ahí hay que construir todos, y hay bastantes, nada menos que 35. Por eso tenemos que buscar algún procedimiento para asegurarnos de que no nos olvidamos ninguno.

Una vez que hayamos encontrado todos los hexaminós, habrá que determinar cuáles son los que por plegamiento nos permiten construir un cubo (o mirando desde el cubo, cuáles corresponden al desarrollo de un cubo). Sería conveniente que los alumnos formularan hipótesis sobre cuáles son los hexaminós que construyen un cubo antes de comprobarlo directamente (pueden hacerlo utilizando un cubo de madera), y que trataran de obtener reglas generales. Por ejemplo, si en un hexaminó coinciden cuatro cuadrados en un punto será imposible obtener un cubo (porque en los vértices del cubo sólo se juntan tres caras), que hacen referencia a cuestiones de tres dimensiones, del cubo. Podremos así separar los 11 hexaminós que permiten construir un cubo (que son los de la Figura 38).

Figura 38

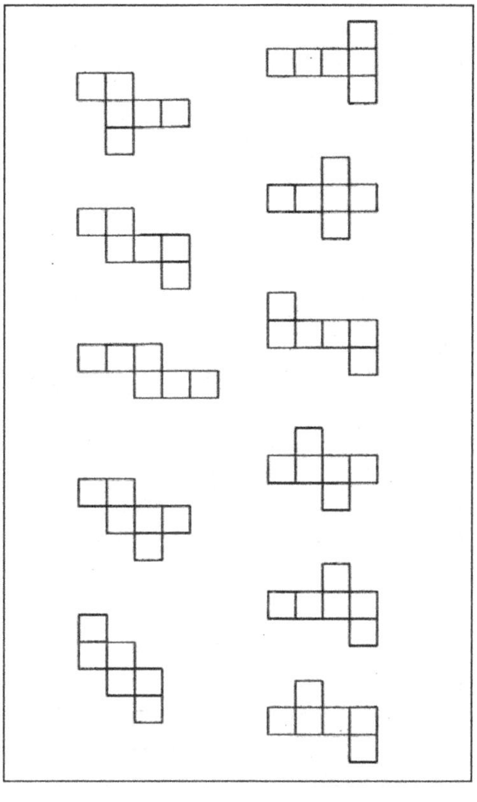

Podemos también considerar con los hexaminós, y siguiendo todavía en el plano, una cuestión muy importante y además bastante opuesta a la intuición. ¿Si dos figuras tienen la misma forma e igual perímetro (área), el área (perímetro) es la misma? Para los alumnos, si no han tenido antes un contacto con el tema, la respuesta no es muy clara. Con cierta frecuencia, al plantearla en grupos de alumnos, la respuesta está repartida entre el sí y el no a partes casi iguales. Si queremos seguir con la actividad, el capítulo 5 recoge elementos de juicio para ello, incluído un juego. A él remitimos.

Actividad 2. Agrupando cubos

Disponemos a partir de ahora de cubos en cantidad suficiente, y de algún procedimiento para pegarlos (pegamento o cola para madera, por ejemplo). Es importante que los cubos sean tan iguales como sea posible entre sí, para asegurar que cuando se formen puzzles con varios de ellos (como haremos más adelante) aparezcan caras planas y las fichas encajen bien. Para pegar dos cubos se pondrá en contacto toda una cara, como se muestra en la Figura 39.

Figura 39

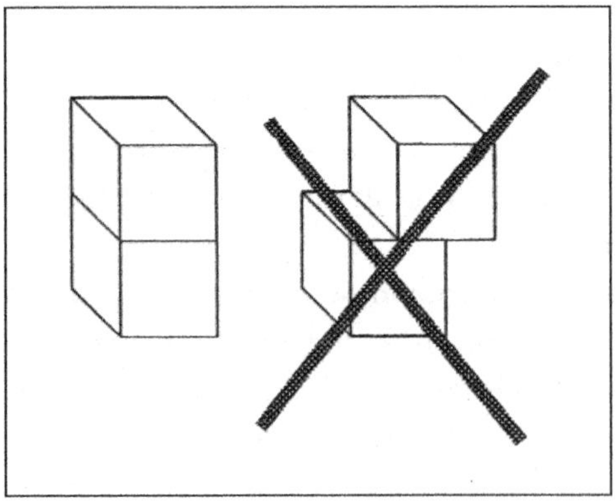

Vamos a construir en el espacio los cuerpos equivalentes a los poliominós del plano: los policubos. Hay un sólo bicubo, dos tricubos, pero ocho tetracubos. (Véanse las Figuras 40 y 41).

Figura 40

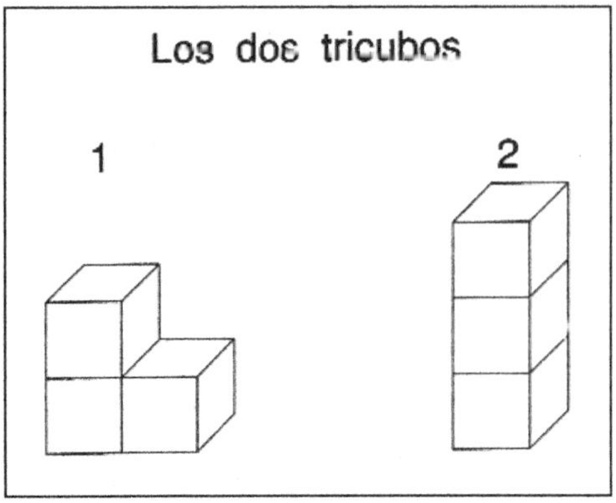

En algún momento (y es imprescindible cuando se llegue a los tetracubos) hay que abordar la definición de igualdad de dos policubos. Se suele llegar con rapidez a determinar que son iguales cuando se pueden superponer por movimientos.

Examinando los tetracubos se ve

Figura 41

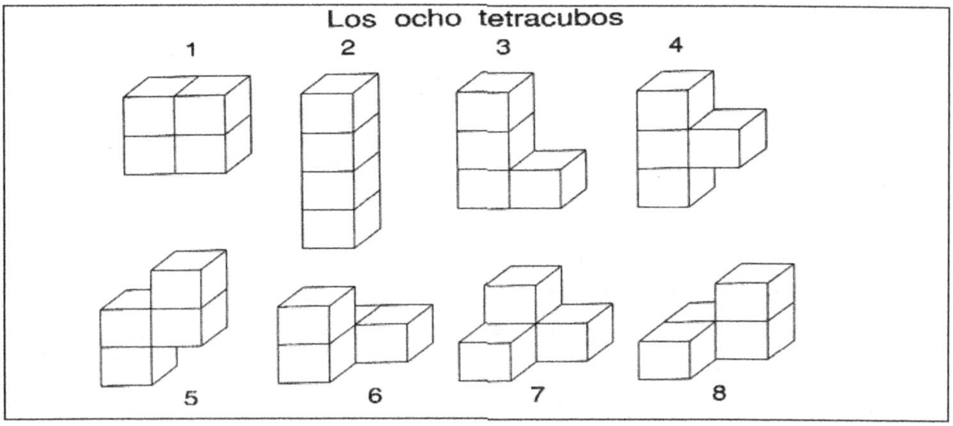

que hay dos un poco diferentes de los demás, muy "regulares": los marcados con 1 y 2. Y el segundo tricubo presenta la misma "regularidad". Sería interesante caracterizar de alguna manera esa "regularidad" tan evidente, con simetrías o con medidas de ángulos entre planos, los llamados diedros. Y eso porque más adelante veremos que los tricubos y tetracubos que constituyen las fichas del Cubo Soma son precisamente los "irregulares".

No parece abordable ni conveniente seguir construyendo policubos a partir de los tetracubos, puesto que hay 29 pentacubos diferentes y nada menos que 166 hexacubos.

Actividad 3. Un puzzle en el espacio: el Cubo Soma

A partir de los tricubos y los tetracubos que hemos construído vamos a diseñar un puzzle que nos servirá para desarrollar el sentido espacial. Es bastante conocido, y tiene muchas posibilidades educativas: el Cubo Soma, ideado por Piet Hein.

Se trata de un puzzle de siete piezas: los seis tetraminós y el triminó que en la actividad anterior hemos caracterizado como "irregulares", que son los que aparecen en la Figura 42.

Figura 42

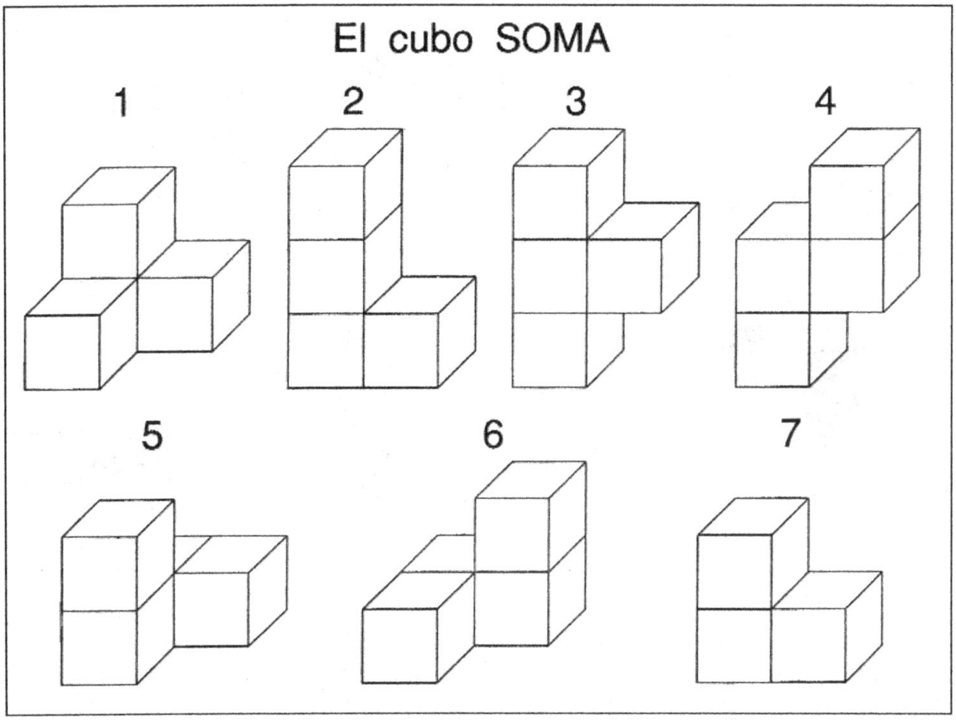

Entre las siete piezas tenemos un total de 27 cubitos, que es el número necesario para construir un cubo más grande, de tres cubitos de lado. Ese es justamente el objetivo del cubo Soma: construir con las siete fichas un cubo de tres cubitos de lado.

Un primer aspecto a considerar del Cubo Soma es que resulta muy atractivo para los alumnos, y más si se ha seguido un proceso que les permita fabricarlo ellos mismos[9]. Pero a la vez es complicado de realizar, y más todavía si se trata de encontrar varias formas de hacerlo, a pesar del gran número de posibilidades diferentes que existen. Pero en un grupo, pronto van apareciendo las formas de construirlo, con la consiguiente alegría. Y se llega a la comparación de las mismas y a la explicación a los que no encuentran manera de hacerlo. Por tanto se necesitan métodos para representar las soluciones (para acordarse y para comunicarlo a los compañeros).

La primera forma de hacerlo que se suele proponer es la representación en tres dimensiones, si acaso con la facilidad de que sólo es necesario representar seis fichas, porque la séptima tiene que encajar en el hueco que queda. De este tipo son las Figuras 43 y 44. Pero dibujar figuras así requiere mucho tiempo y mucho esfuerzo, y por eso hay que pensar en algo más sencillo. Una posibilidad interesante consiste en representar el proceso de construcción de los pisos del cubo, como se muestra en la Figura 45.

Figura 43

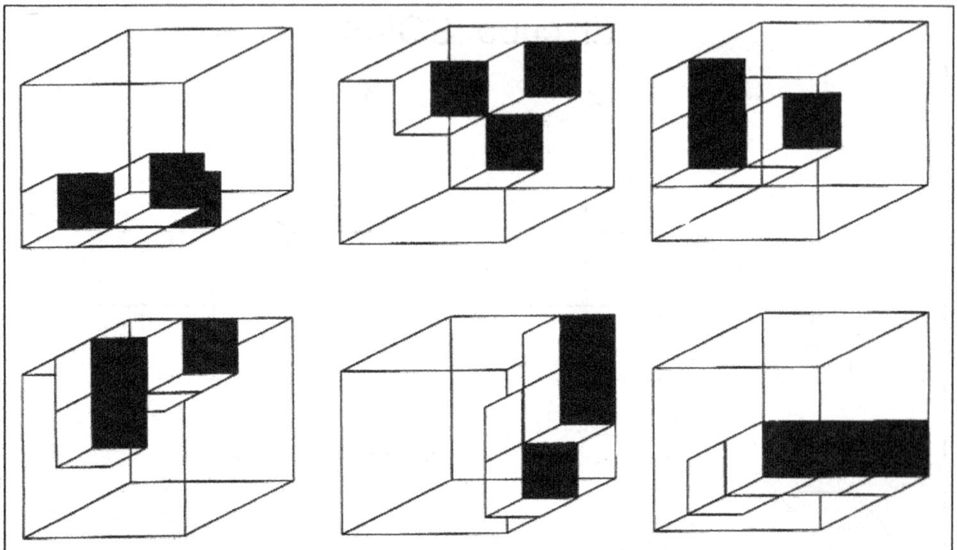

9. El atractivo del puzzle aumenta si se pintan las fichas de colores diferentes. Es importante también que los cubitos de las piezas estén bien pegados, para evitar que se deshagan. Una vez construido, el Cubo Soma puede ser un bonito elemento decorativo.

Figura 44

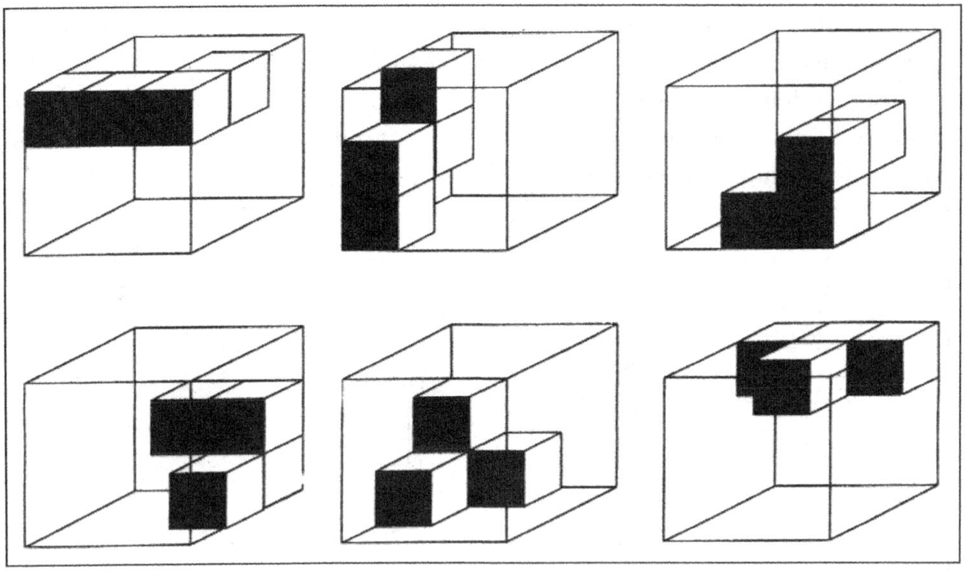

Figura 45

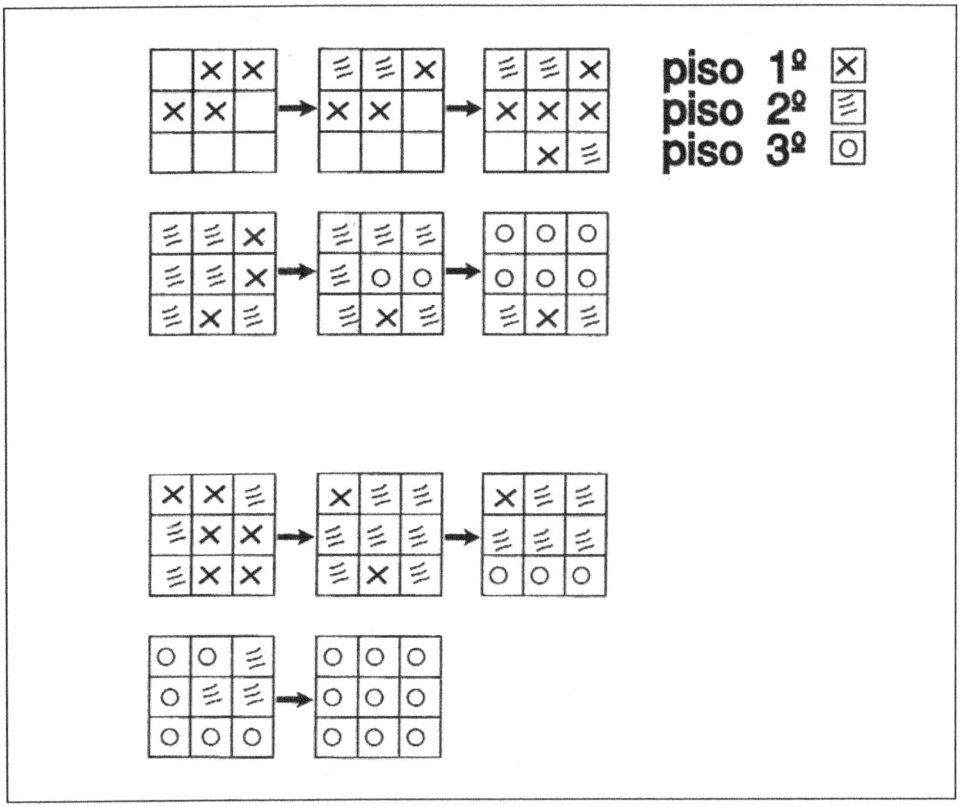

Las mismas siete fichas del Cubo Soma sirven para hacer otras construcciones, como los animales que aparecen en la Figura 46. Es un buen ejercicio crear figuras atractivas, y proponer a los demás su construcción.

Se pueden hacer otros rompecabezas en el espacio a partir de cubos, pero nosotros ya no seguiremos más adelante[10]. Nos conformamos con esta breve incursión en el mundo de las tres dimensiones.

Figura 46

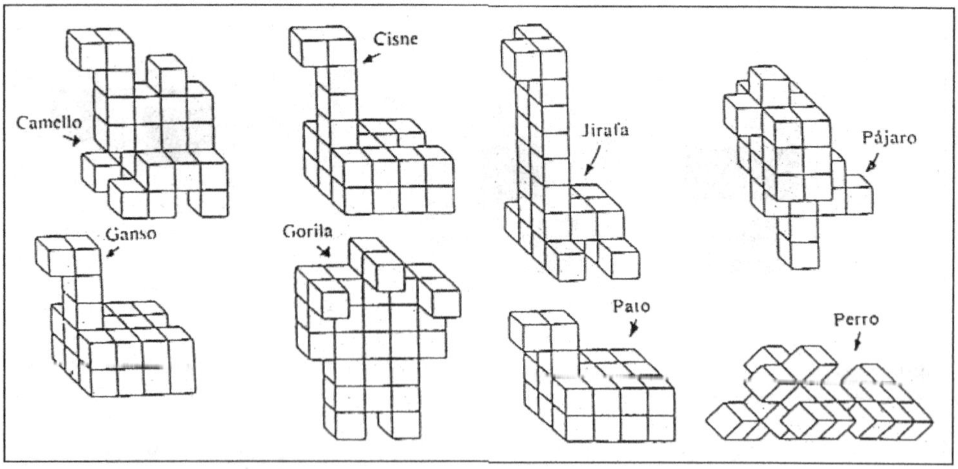

10. Si alguien tiene interés en el tema puede consultar el libro del autor *Juegos matemáticos para secundaria y bachillerato* , ya citado.

7. LA CIRCULACIÓN: BICICLETAS, COCHES, TRANSPORTES PÚBLICOS, ATASCOS Y VELOCIDADES

Algunas sencillas medidas de longitud y de superficie nos explican por qué se producen los embotellamientos. Y el ahorro en tiempo y en atascos que representan el autobús o la bicicleta. Qué hay que hacer (además de pedalear) para correr más o menos en una bicicleta: las marchas y los desarrollos. ¿Qué velocidad podríamos alcanzar si tuviéramos fuerza suficiente? Cálculo de velocidades medias. Cómo usar la calculadora. Las matemáticas de la Vuelta Ciclista (o de otras competiciones).

Los adolescentes y los jóvenes de hoy en día son mayoritariamente urbanos, conocen y utilizan con asiduidad coches y autobuses desde que nacieron, y tienen bicicletas con cambios de marchas, casi siempre de montaña. Por eso es interesante para ellos todo lo que hace referencia a esos medios de locomoción. Y hay sencillos mecanismos, y cálculos matemáticos ligados a ellas, que es conveniente que conozcan y que sepan manejar con facilidad. Las bicicletas dan lugar a competiciones deportivas, las vueltas ciclistas, que despiertan grandes pasiones. Por eso se pueden utilizar, sobre todo aprovechando las informaciones periodísticas, para trabajar otros conceptos interesantes (como la pendiente, las escalas o los mapas).

Por otra parte, las dificultades de circulación en las ciudades son cada vez mayores, con los atascos cotidianos, y los embotellamientos en los accesos los fines de semana. Por eso, y dentro también de la línea de alcanzar una mayor conciencia ecológica que ya hemos comentado en otro capítulo, también nos referiremos a algunos números que tienen que ver con los ahorros sociales que se consiguen con el uso de transportes públicos.

Y finalmente nos ocuparemos de problemas relativos a velocidades medias y los tiempos necesarios para lograrlas, tema sobre el que no siempre se tienen las ideas claras.

Los atascos de tráfico

Queremos conseguir que los adolescentes sean conscientes de las magnitudes que suponen la gran cantidad de coches que circulan por una ciudad a lo largo de un día, y que además suelen ir casi vacíos. Y de la ganancia de espacio que significaría la utilización del transporte público (nos referiremos solamente al autobús, porque el metro es una opción que existe en pocas ciudades). O, todavía mejor, lo que se ahorraría si se pudiera circular en bicicleta (lo cual implicaría, por cuestiones de seguridad, la existencia de carriles especiales). No tendremos en cuenta ni los problemas de derroche de energía ni de contaminación que suponen los coches particulares (aunque animamos a trabajar también en ese sentido), porque se haría necesario plantear situaciones demasiado complejas.

Los autobuses y el tráfico

1. Seguro que en tu ciudad existe un bono que sirve para utilizar varias veces los transportes públicos (como los bonobuses de diez viajes), que salen más a cuenta que comprar cada vez los billetes. Entérate de lo que cuestan y calcula el ahorro absoluto y en porcentaje que supone usar estos bonos.

2. Por determinadas calles o plazas del centro de una ciudad pasa cada día una gran cantidad. Por ejemplo, por la plaza de Aragón de Zaragoza pasan unos 150 000 coches en un día normal (no tienen por qué ser distintos, puesto que un mismo coche puede pasar varias veces por esta plaza en un día, como ocurre con los taxis). Si se colocaran todos estos coches en fila, ¿qué longitud alcanzarían? ¿qué superficie ocuparían? ¿cuánto pesaría el conjunto? Para poder hacer los cálculos (que necesariamente serán aproximados, y en los que interesa sobre todo es el orden del resultado) a continuación te proporcionamos una tabla con las dimensiones y el peso de algunos modelos de coches.

3. Si se utilizan los transportes públicos en vez de coches particulares se ocupa mucho menos espacio, con lo que hay menos atascos y se tarda menos tiempo en desplazarse. Supongamos que 60 personas que suelen desplazarse en coches privados deciden ahora pasarse al autobús. ¿Qué ganancia de superficie se consigue? Haz los cálculos en valor absoluto y en porcentaje. Observa que necesitarás las dimensiones de un autobús (que puedes obtener de forma aproximada observando alguno por la calle; si lo prefieres, podemos partir de una estimación: 10 metros de largo y 2 de ancho). Los resultados también variarán según el número de coches que utilicen las personas (puedes calcular los valores extremos entre los que se encontrará: una persona como mínimo y cuatro como máximo).

Para hacer los cálculos de las dimensiones de un coche tendrás que tomar un promedio de las dimensiones y pesos de los coches, teniendo en cuenta, además, que no hay la misma cantidad de coches de todos los tamaños (cuanto más cortos, y por consiguiente, más baratos son, más aumenta la proporción). Probablemente, después de hacer la actividad te habrás convencido un poco más de las ventajas que suponen para todos la utilización de los transportes públicos.

Tabla de dimensiones y pesos

Modelo	**Largo (cm)**	**Ancho (cm)**	**Peso (kg)**
Opel Corsa	373	161	880
Ford Escort	423	173	1230
Renault 19	416	170	1045
Seat Toledo	432	166	1030
Peugeot 405	441	172	1040
Volskwagen Passat	460	172	1040
BMW 525	472	175	1475

• *Respuestas y comentarios*

1. En esta actividad (dejando aparte la primera pregunta, que es un sencillo cálculo de porcentajes) es conveniente hacer ver que lo único que interesa es hacerse una idea del orden de magnitud de los resultados. No tiene ningún sentido saber las respuestas exactas, hasta el metro o incluso el centímetro, que, además, son imposibles de obtener. Para ello tendríamos que hacer una lista exacta de los modelos de los aproximadamente 150 000 coches (y también habría que fijar la cantidad exacta) que han pasado. Se trata, pues, de otra muestra de que la exactitud tan arraigada en la matemática escolar está con cierta frecuencia fuera de lugar.

Sin embargo, no tener resultados exactos no quiere decir que no podamos evaluar las mejoras que supone el transporte público. Para ello hemos de hacer estimaciones fiables que nos permitan prever los beneficios de tomar algunas medidas, como podían ser las limitaciones de circulación de coches privados por determinadas zonas y a ciertas horas, permitiendo únicamente el paso de los vehículos de transporte público (autobuses y taxis). También, si se considera interesante, podría tratarse de la circulación de bicicletas, aunque eso supondría complicar mucho la actividad; por eso solamente recomendamos esta ampliación en caso de un interés manifiesto en el grupo. Ese trabajo supondría pensar en una red de carriles-bici, buscar itinerarios alternativos para desviar los coches, etc, lo cual requeriría estudios muy interesantes (con planos, escalas, estadísticas de tráfico, tiempos de recorrido, utilización previsible de los carriles...), pero bastante complejos.

Los datos que aquí se dan corresponden a Zaragoza. Siempre es más atractivo poder hacer los cálculos a partir de datos de la propia ciudad o de alguna a la que se vaya con frecuencia. Son fáciles de obtener consultando a las concejalías de tráfico correspondientes, o recopilando las noticias sobre la circulación que aparecen con frecuencia en los periódicos.

2. Ante todo hay que decidir cómo obtener las dimensiones y pesos medios de un coche. Lo más sencillo es hallar la media de los datos que nos dan, que recogen un abanico suficientemente amplio de modelos de modelos. Un poco más complicado, pero más acorde con la realidad, sería ponderar el porcentaje de vehículos de cada tamaño, y a partir de ahí calcular las dimensiones medias de los coches. Esto implicaría buscar información sobre porcentajes de cada segmento de coches en revistas especializadas del automóvil, en los ayuntamientos, o en los concesionarios de coches de la zona. Nos contentaremos con la primera aproximación (y si se han realizado más actividades de este tipo se puede avanzar en consideraciones sobre cómo hallar medias ponderadas).

Así pues, tomaremos como longitud media la suma de las longitudes de los siete modelos de coches, dividida por siete (y lo mismo con la anchura y el peso). De esta forma, tenemos que el coche medio mide 431 cm de longitud (la suma de las longitudes de los siete es 3 017 cm, y 3017/7 = 431), 170 cm de anchura y pesa 1 134 kg.

- Una vez que conocemos los datos del coche medio, podemos contestar a la pregunta. La cola de 150 000 coches de tamaño medio, si se colocan de manera que el final de cada uno quede pegado al inicio del siguiente, tendría una longitud:
  L = 431*150 000 cm = 64 650 000 cm = 646 500 m = 646.5 km
  Una distancia importante, ¡casi 650 kilómetros!
- Para calcular la superficie, tendríamos que multiplicar esa longitud por la anchura media, teniendo cuidado de usar la misma unidad, por ejemplo, metros. Obtendremos: S = 646 500 m* 1.7 m = 1 099 050 m^2, más de un millón de metros cuadrados, el equivalente a diez mil pisos de 100 metros cuadrados cada uno.
- En cuanto al peso, sería: P = 150 000 * 1 134 kg = 170 100 000 kg = 170 100 toneladas.
  La nada despreciable cantidad de ciento setenta mil toneladas.

Son pues cantidades muy grandes, sobre todo la primera y la tercera, y que no se esperan. Como comentaba una adolescente después de obtener los resultados: "¡Qué pasada!". Y es que realmente la obtención de esos valores, tan sencilla por otra parte, permite hacerse una idea de lo que suponen los coches que circulan un día cualquiera por una ciudad media.

3. La superficie de un coche medio es, calculada en metros cuadrados: $C = 4.31\ m * 1.7\ m = 7.327\ m^2$.

La del autobús tipo que estamos considerando es: $A = 10\ m * 2\ m = 20\ m^2$

Vamos a calcular los casos extremos. Si en cada coche viaja una sola persona, hacen falta sesenta coches para transportar a los pasajeros de un autobús. La superficie de los coches representa: $60 * 7.327\ m^2 = 439.62\ m^2$.

Y aún habría que añadir un porcentaje, porque los coches no circulan pegados unos a otros, sino que dejan huecos entre ellos. Supongamos que ese porcentaje es, como mínimo, del 10%. La superficie real que ocupan sería de al menos : $439.62 * 1.1 = 483.582\ m^2$.

¡Casi 25 veces más superficie que el autobús! O dicho en porcentaje, el autobús ocupa tan solo el 4% de la superficie que necesitan los sesenta coches.

Si tomamos el extremo opuesto, con cuatro personas en cada coche, se necesitarían 15 coches, y, suponiendo también un 10% más de espacio, la superficie total sería: $7.327 * 15 * 1.1 = 120.8955\ m^2$, que equivale a más de seis veces la superficie del autobús. O, lo que es lo mismo, el autobús ocupa el 16% de la superficie de los coches.

Dicho al revés, viajando en autobús se ahorra entre un 96% y un 84% del espacio que se ocupa desplazándose en coche. Aunque haya que hacer algunas correcciones porque en los autobuses no siempre van 60 personas, creemos que es una buena cifra al menos para las horas punta. Y aún en el caso de que hubiera menos usuarios del autobús, las cifras de ahorro seguirían siendo muy importantes.

La transmisión por cadena

En las bicicletas, el movimiento que se hace con los pedales se transmite a las ruedas traseras por medio de uno de los mecanismos más utilizados en las máquinas: una cadena. Su funcionamiento es extraordinariamente sencillo, pero a pesar de ello no siempre es bien comprendido por los jóvenes, incluso por los que suelen ir en bicicleta.

A pesar de que se trata de un mecanismo muy sencillo, tiene poco más de un siglo de vida. Lo utilizó por primera vez Starley en 1885, en Inglaterra. Y supuso un adelanto considerable respecto a los métodos entonces vigentes de transmisión por poleas. Hasta que las bicicletas tuvieron cadena, había que pedalear sobre unos pedales unidos directamente al eje de la rueda motriz. Cada vuelta de los pedales suponía una vuelta de la rueda, con lo que se conseguía un desarrollo del tamaño de la rueda. Si se quería alcanzar una velocidad que hiciera sencillo el equilibrio la rueda delantera tenía que ser muy grande (como en los antiguos velocípedos, en los que el "conductor" iba muy alto y en equilibrio inestable), lo que complicaba mucho la maniobra de subir y bajar de la bicicleta. Y, a pesar de todo, la velocidad no era muy grande.

Vamos a ver cuánto avanza una bicicleta por cada vuelta de los pedales. Empezaremos por el caso más sencillo, el de una bicicleta sin cambio de marchas. Llamamos plato al piñón dentado que está unido a los pedales y piñón o corona al que es solidario con la rueda (véase Figura 47). La transmisión se basa en que cada diente que avanza la cadena en el plato hace avanzar un diente en la corona de la rueda. De manera que si el plato tiene 30 dientes y la corona 10, por cada vuelta que den los pedales, que harán dar una vuelta al plato, la corona (y por tanto la rueda que va unida a ella) da tres vueltas, puesto que la cadena ha avanzado 30 dientes y cada 10 dientes significan una vuelta de la corona. Si conocemos el tamaño de la rueda (supongamos que es el habitual de 65 cm de diámetro), podremos calcular el avance de la bicicleta por cada pedalada: tres vueltas, que equivalen a tres veces la longitud de la rueda (en nuestro ejemplo $3 * 2 * \pi * 65 = 12.25$ metros).

Figura 47

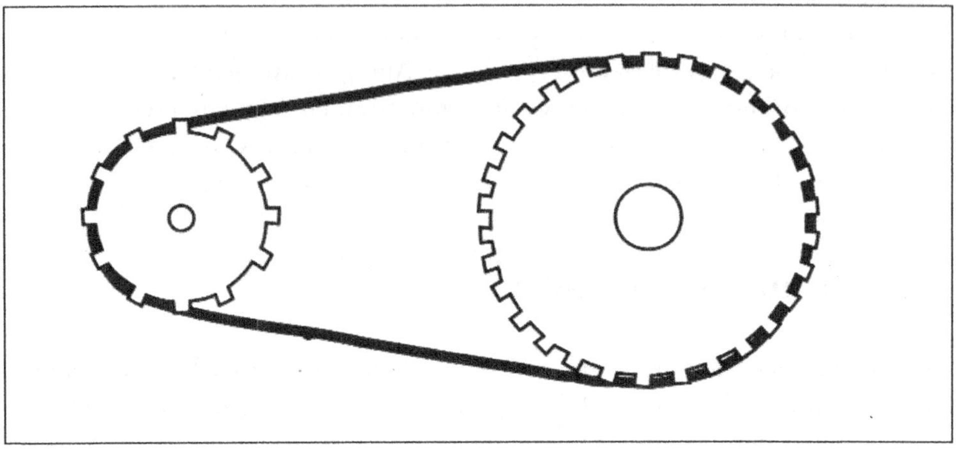

En la realidad las bicicletas tienen varios platos (las de carretera normalmente dos, las de montaña tres) y varios piñones (que pueden llegar a siete). Se pueden combinar de distintas maneras y cada una de ellas proporciona un desarrollo, en el que se recorre una longitud diferente por cada vuelta de los pedales. Las combinaciones también varían la fuerza que hay que hacer sobre los pedales, lo que las hace más o menos apropiadas para los distintos terrenos.

La actividad que proponemos a continuación trata de hacer reflexionar y calcular sobre todos estos aspectos a partir de noticias relacionadas con una vuelta ciclista. En ella aparecen otros aspectos además de los relacionados con las transmisiones.

La vuelta y las bicicletas

La Vuelta ya ha llegado a las etapas más importantes, las de montaña, en las que se decide la clasificación general final. Aprovechando que pasa cerca de nosotros vamos a reflexionar sobre algunos aspectos relacionados con el trayecto y con las bicicletas.

1. No todos los puertos de montaña son igual de difíciles de subir. Su dureza depende de la pendiente que tengan (como se encargan de repetir hasta la saciedad los comentaristas que retransmiten las etapas por televisión). Pero, ¿qué es lo que mide la pendiente? ¿Cómo se puede calcular?

2. Ahora que ya has pensado en las pendientes, vamos a ver si calculas algunas. En la etapa de ayer se empezó la subida de un puerto en el kilómetro 31.5, cuando los ciclistas estaban a 880 metros de altura, y se coronó a los 1 423 metros, en el kilómetro 45. Si toda la subida es de pendiente constante, ¿de cuánto sería esa pendiente? (El que la pendiente sea constante es equivalente a encontrar la pendiente media del puerto.)

3. Otro puerto de la misma etapa empezó en el km 99 a 560 metros de altitud y se llegó a la cima, situada a 1 020 metros, 23 kilómetros más tarde. ¿Cuál es la pendiente media? ¿Es mayor o menor que la del puerto del apartado anterior?[1]

4. Busca en el periódico el perfil de alguna etapa y calcula la escala en que está dibujado. ¿Es la misma en horizontal que en vertical? Si son diferentes, calcula ambas. ¿Están bien representados todos los puertos? Si hay algún error, haz una representación que lo corrija.

5. Ya sabes que las bicicletas de los ciclistas tienen distintas marchas, que utilizan según las características del terreno que recorren. Vamos a pensar en una bicicleta no muy habitual, pero en la que todos los números son muy exactos, lo que facilita los cálculos. Tiene dos platos de 40 y 50 dientes cada uno, y 5 piñones de 10, 12, 15, 20 y 25 dientes respectivamente. ¿Cuántas marchas distintas hay en esa bicicleta? ¿Cuál utilizarán para subir los puertos de más pendiente? ¿Y para bajarlos a toda velocidad?

1. Los puertos a que hacemos referencia, ambos en el Pirineo aragonés, son el de Cotefablo, saliendo de Biescas, y el de La Foradada, saliendo de Ainsa. Se suben a veces en la Vuelta a España. Los datos que citamos están tomados de la del año 1990.

6. Queremos que calcules también cuánto avanza la bicicleta en cada vuelta completa de los pedales, en cada una de las marchas. Para ello te decimos que el diámetro de la rueda es de 65 cm. Si no sabías contestar a la pregunta anterior, tal vez después de estos cálculos tengas más clara la situación

• *Comentarios y resultados*

1. La respuesta a esta pregunta se puede encontrar en el capítulo 2. Solamente queremos recordar, porque vamos a utilizar estos datos más adelante, que la pendiente es el cociente entre la distancia vertical que se ha ascendido (o descendido, si se trata de una bajada) y la distancia en horizontal que se ha recorrido.

2. Aquí podemos calcular la distancia vertical que se ha ascendido, que es la diferencia entre la altura en la cumbre del puerto y en el inicio, es decir, 1 423 - 880 = 543 metros. Para calcular la pendiente necesitamos la distancia horizontal que se ha recorrido, y lo podremos hacer porque nos dan el recorrido total efectuado, que es de 13.5 kilómetros. Entonces (ver en la Figura 48), como es un triángulo rectángulo, podemos aplicar el teorema de Pitágoras, y el resultado será, expresado en kilómetros: $d^2 = 13.5^2 - 0.543^2 = 181.955$, de donde: $d = 13.49$ km.

Figura 48

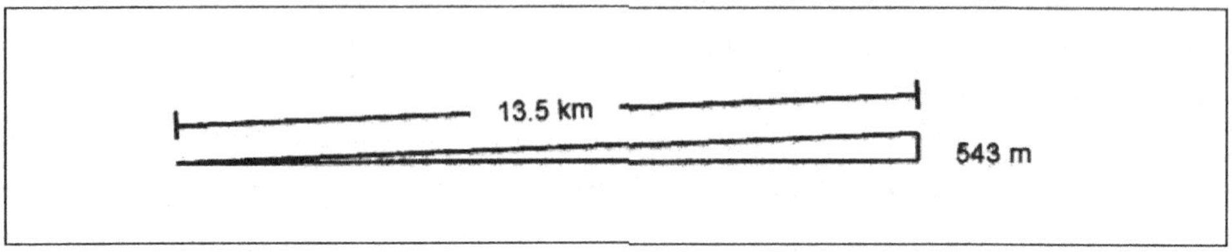

Por lo tanto, la pendiente será: $p = 0.543/13.49 = 0.04$ o, expresando el resultado, en porcentaje, la pendiente es del 4%.

Antes de seguir adelante hay que hacer una pequeña observación sobre el hecho de que la distancia horizontal en nuestro caso prácticamente coincide con la distancia recorrida a lo largo de la carretera, del plano inclinado. Y así pasará siempre que la distancia vertical recorrida sea muy pequeña en comparación con la horizontal, es decir, cuando la pendiente es pequeña. Por eso, en estos casos la pendiente se puede calcular directamente (con un margen de error muy pequeño) dividiendo la altura que se ha subido por la distancia empleada en recorrerla[2].

2. Dividir la distancia vertical por la distancia horizontal, como ya hemos dicho en el capítulo 2, es hallar la tangente del ángulo que forma con la horizontal. Si dividimos la distancia vertical por la distancia recorrida, como decíamos ahora, lo que hacemos es hallar el seno de ese ángulo. Y para ángulos pequeños esos dos valores difieren muy poco.

3. Sin hacer ninguna operación podemos asegurar que la pendiente del segundo puerto es menor, porque se emplean 23 km. (más que en el caso anterior) para ascender 460 metros (una altura menor que la del primer puerto). Pero si queremos saber la pendiente, y de acuerdo con el comentario final, podemos dividir directamente 0.46 km. por 23 km y tendremos la pendiente. Se obtiene:

$$q = 0.46/23 = 0.02$$

con lo que la pendiente media es del 2%, la mitad que en el caso anterior.

Problema 1

Es interesante observar que la pendiente en este caso es la mitad del anterior, ¿también lo es el ángulo que forma la subida con la horizontal?. Haz los cálculos que consideres necesarios para poder dar una respuesta razonada.

4. Las etapas ciclistas tienen una longitud de cientos de kilómetros, mientras que la mayor diferencia de altura entre el punto más bajo y el más alto raramente llega a 1500 metros (y en general es menor), es decir, 1.5 km. Por lo tanto, si usáramos la misma escala en el eje vertical que en el horizontal, no se notaría ninguna subida ni bajada. Esa es la razón por la que las escalas son diferentes[3]. Si se quieren calcular habrá que hacer las mediciones correspondientes en el caso que se haya elegido.

Aprovechamos la ocasión para llamar la atención sobre el hecho de que las etapas de una vuelta ciclista pueden servir para estudiar las escalas (utilizando además de los perfiles de las etapas los planos del recorrido por alguna ciudad que se conozca, y que en los días que llega a ella suelen aparecer en los periódicos), porque es un tema muy importante para desenvolverse por la vida, y que ni los ciudadanos en general ni los jóvenes suelen dominar muy bien.

Además de las dificultades intrínsecas de los cálculos, se da en el caso de los mapas y las escalas un conflicto de competencias entre distintas materias en las que se trata (geografía, geología matemáticas...), que hace con relativa frecuencia que en cada una de estas áreas se considere que el tema ya se ha tratado en las otras. Por eso es posible que nunca se llegue a tratar con el mínimo de sosiego necesario para profundizar en los conceptos.

5. Para cada uno de los dos platos podemos colocar la cadena en cada uno de los cinco piñones, de manera que hay diez marchas posibles (por lo menos en teoría, porque en realidad hay algunas combinaciones –plato y piñón pequeños

3. Eso mismo pasa en los mapas en relieve de comarcas o regiones. Si se tiene alguno a mano conviene fijarse a ver si especifica las escalas.

por ejemplo– que no tienen ningún interés, y que, además, se engranan con gran dificultad). En general, el número de marchas será igual al producto del número de platos por el de piñones (y eso hace que en las bicicletas de montaña, las más usadas por los jóvenes, y que cuentan con tres platos, el número de marchas siempre sea múltiplo de tres (15, 18 ó 21).

La marcha con la que más se avanzará, y que requerirá el mayor esfuerzo, se obtendrá al combinar el plato grande con el piñón pequeño. Esta marcha se utilizará para ir a mucha velocidad, en terrenos que requieran poco esfuerzo, por ejemplo la bajada de un puerto de montaña. En el caso de las grandes pendientes, la combinación adecuada será justamente la contraria: plato pequeño y piñón grande.

6. Teniendo en cuenta lo que ya hemos comentado más arriba será fácil calcular la distancia que se avanza en cada pedalada. Si L es la longitud del contorno de la rueda (y por tanto lo que avanzará la bicicleta al dar una vuelta completa), cuando el número de dientes del plato sea D y el del piñón sea d, como el número de vueltas que dará la rueda por cada giro del plato será D/d, el avance A en cada pedalada será: A = (D/d) * L.

Por ejemplo, con el plato de 50 dientes y el piñón de 10, en cada pedalada se recorrerá la distancia siguiente: A = (50/10)* p * 65 = 1021 cm = 10.21 metros.

Problema 2

El desarrollo elegido tanto por Indurain como por Rominger en sus intentos de batir el récord de la hora (ambos coronados por el éxito) en 1994 fue de 59 por 14. Si la rueda trasera era de 28 pulgadas, ¿cuánto avanzaban en cada pedalada?

La pista del velódromo de Burdeos (Francia), donde se obtuvieron los récords, tiene 250.2 metros de longitud. ¿Cuántas pedaladas hay que dar para recorrer una vuelta? ¿Y cuántas hacen falta para rodar los kilómetros que hicieron en una hora? Recordemos los records obtenidos por ambos: Indurain, 53.040 km; Rominger, 53.832 km.

Si te interesa el tema puedes consultar los periódicos de esas fechas (para lo cual puedes acudir a una hemeroteca) y comprobar si tus resultados coinciden con los que aparecen publicados, así como si hay alguna diferencia entre los distintos periódicos.

Problema 3

Por lo que parece, basta una bicicleta (y unas buenas piernas) para rodar a cualquier velocidad, por alta que sea: bastaría con encontrar el desarrollo adecuado; cuanto mayor fuera el desarrollo, más deprisa iríamos. Sin embargo, a la hora de construir una bicicleta de esas características surgen limitaciones tales como que el plato no puede ser tan grande como queramos, porque tocaría el suelo; y el piñón más pequeño también tiene un número de dientes mínimo para poder engranar.

Teniendo en cuenta esas limitaciones, y a partir de tu propia bicicleta (de modo que necesitarás saber sus dimensiones) calcula cuál es el mayor desarrollo que podrías montar. ¿Te consideras capaz de moverlo?

Algo sobre velocidades

El cálculo de velocidades suele ser bastante sencillo, pero a pesar de ello subsisten bastantes ideas erróneas al respecto. En este apartado presentaremos algunos problemas sobre velocidades, que nos permitirán comentarlos.

Caso 1. Velocidad constante

«A la vuelta de las vacaciones (¡que ya parecen tan lejanas!), un amigo se ha traído el velomotor que ha usado en el pueblo durante el verano. La verdad es que el trayecto ha sido menos agradable de lo que esperaba, porque lo que se dice correr, no es que el velomotor corra demasiado. Está claro que una cosa es hacer ruido por las calles y otra tragar kilómetros.

Como quería llegar cuanto antes, pero no estaba dispuesto a destrozarlo, lo ha puesto a velocidad constante, no la máxima, pero cercana a ella, y ha tardado algo más de dos horas. Justo al salir del pueblo ha visto una señal que marcaba un número de kilómetros de dos cifras; pasada una hora exactamente estaba en otro mojón en el que aparecían los dos mismos números en orden inverso; cuando ya estaba llegando, y se sentía un tanto cansado, puesto que había pasado otra hora justa, estaba en un punto kilométrico de tres cifras, que casualmente eran las dos primeras con un cero entre ellas. ¿A qué velocidad constante ha viajado?».

• *Solución y comentarios*

Este problema tiene más que ver con el sistema decimal de numeración que con el cálculo de velocidades, pero plantea una situación interesante para empezar a pensar en el tema.

En primer lugar hay que considerar que si se quiere que la diferencia entre dos números de dos cifras sea la misma que entre uno de esos dos y uno de tres cifras, este último tiene que empezar por 1 (porque si no la diferencia sería mayor que 100, que no se puede nunca alcanzar como diferencia entre dos números de una cifra).

Por lo tanto, los números deben ser de la forma 1a, a1 y 10a. Si las diferencias han de ser iguales, tiene que cumplirse (teniendo en cuenta lo que representan las expresiones decimales de los números, que ya hemos tratado en otros capítulos) que:

$$(100 + a) - (10a + 1) = (10a + 1) - (10 + a)$$

de donde se obtiene que 18a = 108, luego a = 6. Por tanto, los puntos kilométricos que encuentra son 16, 61 y 106, y la velocidad constante, de 45 km/h.

Aquí hemos desarrollado una resolución muy formalizada, pero el problema es tan sencillo que un mínimo de reflexión hubiera bastado para llegar al resultado con cierta facilidad mediante pruebas.

Caso 2. Velocidad media doble

«Cerca de casa hay un puerto de montaña con bastante pendiente que se hace muy duro para subirlo en bicicleta. Como ya estamos bastante entrenados, nos hemos decidido a subirlo. Tras mucho esfuerzo y poniendo los desarrollos más cortos, lo hemos coronado a una velocidad media no muy brillante: 10 kilómetros por hora. Ahora emprenderemos el descenso, que será la venganza de la lentitud de la subida, porque nos vamos a lanzar a tumba abierta cuesta abajo. De paso, dejaremos la velocidad media total (de la subida y bajada) en un valor que nos permita decirlo sin avergonzarnos (pues es sabido que los ciclistas, como los cazadores, tienden a exagerar un poco: es muy fácil decir que se va muy deprisa, pero hacerlo no lo es tanto). Queremos que al menos la media final sea de 20 km/hora. ¿A qué velocidad tenemos que bajar el puerto para lograrlo?»

• *Solución y comentarios*

Aparentemente, ante un problema como este no merece la pena pararse a pensar. Eso es justamente lo que se suele hacer, y se da, sin más la solución "evidente": puesto que hemos subido a 10 km/h y queremos obtener finalmente una media de 20 km/h, bastará con que bajemos el puerto a 30 km/h. Y se puede razonar con claridad: 20 = (30 + 10)/2. Ahora bien, toda esta evidencia tiene un inconveniente: se puede ver un razonamiento obvio, pero es falso. Aún más, bajemos a la velocidad que bajemos, tan deprisa como queramos, ¡nunca podremos lograr una velocidad media de 20 km/h! Y este dato ya empieza a ser sorprendente y requiere que se piense y se explique un poco.

Quizá sería conveniente intentar encontrar las razones de esa respuesta antes de seguir adelante. En todo caso, hay que ponerse en guardia ante razonamientos evidentes con velocidades medias (como veremos también más adelante) porque dan lugar a resultados muy intuitivos, pero falsos. Es algo parecido a lo que pasa con los máximos y mínimos (que ya hemos visto), y con las situaciones en las que interviene la probabilidad.

Vamos a mostrar la imposibilidad de lograr esa velocidad media. El espacio que hemos recorrido subiendo, la longitud L en kilómetros del puerto, será, si llamamos t al tiempo en horas que hemos tardado en subirlo: L = 10 * t.

Queremos saber el tiempo t' que tenemos que invertir en el descenso para lograr una velocidad media total, entre la subida y la bajada, de 20 km/h. El espacio que habremos recorrido en total será 2L, y el tiempo total invertido (t + t'), con lo que tendremos que: 2L = 20 * (t + t') = 20 * t + 20 * t'.

Pero si L = 10 * t, 2L = 20 * t, y por consiguiente en la igualdad anterior se tiene que cumplir que 20 * t' = O, es decir, tiene que ser que t' = O. O sea, que no podemos invertir nada de tiempo en el descenso, ¡tenemos que bajar de forma instantánea! Y esto es, por supuesto, imposible, por muy deprisa que bajemos.

¿Para qué otras velocidades medias surgirá la misma imposibilidad? Según el razonamiento que acabamos de ver, siempre que queramos obtener como velocidad media total el doble o más del doble de la velocidad que hayamos logrado a la ida. Es decir que, en nuestro caso, podríamos lograr velocidad medias menores de 20 km/h (si son inferiores pero muy próximas tendríamos que bajar como auténticos rayos, pero cabría la posibilidad), pero no iguales o mayores de 20 km/h.

Caso 3. El mismo tiempo o el mismo espacio a velocidad constante

«Hemos viajado en coche durante una hora a una velocidad constante de 100 km/h. En ese momento hemos parado un momento a descansar, pero la verdad es que se nos ha hecho bastante larga la parada, porque nos hemos encontrado con un conocido. Por eso, al reemprender la marcha hemos tenido que correr un poco más: otra hora a 120 km/h de media. Sin tener en cuenta la parada, sino solamente las dos horas que hemos estado moviéndonos, ¿cuál es la velocidad media que hemos obtenido?

Planteaba la situación a un amigo, que me ha dicho: "A la misma que yo, que he ido primero 100 km a 100 km/h, y luego otros 100 km a 120 km/h. Los dos hemos sacado una media de 110 km/h. Olvida los cálculos, y vamos a tomar algo».

Mientras se toman el café podemos reflexionar un poco sobre esa afirmación, ¿seguro que la media es la misma en ambos casos?, ¿seguro que es de 110 km/h?, ¿en alguno de los casos es realmente de 110 km/h?.

• *Solución y comentarios*

Se tiene la tentación de dar una respuesta"'evidente", del tipo de la del amigo, y pasar a hacer otra cosa, por ejemplo, ir a tomar algo. Pero puesto que en el caso anterior ya hemos visto que no está todo tan claro respecto a las velocidades, y que también aquí se nos pide algo de reflexión, vale la pena pararse a hacerlo.

Basta con pensar un poco para ver con facilidad las respuestas, lo que no pasa si se contesta sin pensar, algo a lo que estamos más acostumbrados de lo que parece. Para hallar velocidades medias hay que dividir el espacio que se recorre por el tiempo empleado en hacerlo. Por lo tanto, en el primer caso, la velocidad media v será:

v = (espacio recorrido)/(tiempo empleado) =
= (100 km + 120 km)/ 2 h = 110 km/h como decía el conductor.

En el segundo caso sabemos el espacio recorrido, 200 km, pero tenemos que calcular el tiempo que ha empleado para poder calcular la velocidad media. En los primeros 100 km ha tardado 1 hora (porque la velocidad era 100 km/h). En los otros 100 km el tiempo t invertido será: t = (100/120) horas = 5/6 hora = 50 minutos, y el tiempo total que ha transcurrido ha sido de 1 hora y 50 minutos. Para calcular la velocidad media, v', dividimos como antes:

v' = (espacio recorrido)/(tiempo empleado) =
= 200 km/1h50m = 200 km/1.83 h = 109.1 km/h.

Luego la velocidad en este caso no es de 110 km/h, sino de algo más de 109 km/h. Por consiguiente, vale la pena pensar un poco más.

Si queremos obtener una ley general, se podría decir que si se está el mismo tiempo circulando a dos velocidades diferentes, la velocidad media es la media de las velocidades. En cambio, no ocurre lo mismo si recorremos el mismo espacio a velocidades diferentes.

Problema 4

Un ciclista sale de su casa para dar una vuelta con la bicicleta, en plan tranquilo. Hace un circuito dividido en cuatro partes, todas ellas de igual longitud. La primera parte es una ligera cuesta arriba, y en ella consigue una velocidad de 10 km/h. En la segunda parte el terreno se hace más empinado, y tras una buena sudada, logra coronar el puerto con una velocidad de tan solo 5 km/h. A partir de ahí todo es más fácil, recorre la tercera parte, que es cuesta abajo, a 30 km/h. Y sólo le queda la parte final, en la que consigue una media de 15 km/h.

¿Cuál ha sido la velocidad media del ciclista en todo el trayecto? Recuerda que las cuatro partes tienen igual longitud. Y ten en cuenta que, aunque es sencilla hallar el resultado, no intentes hacerlo demasiado fácil, porque a lo mejor te confundes.

Antes de acabar, una última observación. Si tenemos que poner una cantidad de tiempo expresada en horas y minutos como una fracción de horas, hay que convertir las cifras a la forma decimal, porque la división de las unidades de tiempo se hace en potencias de 60 (1 hora, 60 minutos; 1 minuto, 60 segundos), y no en potencias de 10. Así, 1 hora 30 minutos no es igual que 1.30 horas, sino que es igual a 1.5 horas (una hora y media). Hay que tener en cuenta esas equivalencias si no se quieren cometer errores (que también aparecen cuando se utilizan medidas de ángulos, donde las subdivisiones son las mismas).

8. SEQUÍA E INUNDACIONES. ALGUNAS CATÁSTROFES NATURALES Y FORMAS DE LUCHAR CONTRA ELLAS

¿Cómo es posible que con cierta frecuencia el agua llegue a cubrir coches e incluso casas, si parece que no ha llovido tanto? ¿De dónde sale tal cantidad de agua? Y esas casas que se derrumban ante el peso del agua de una tormenta, ¿tienen defectos de construcción o ceden bajo el peso de las aguas? Algunas medidas domésticas para luchar contra la sequía y las formas de evaluar su incidencia.

En nuestro entorno se dan una serie de circunstancias meteorológicas y ecológicas que tienen una influencia importante en nuestra vida diaria que va a ser aún mayor en el futuro. De ahí que se produzca un progresivo despertar de una conciencia para respetar y preservar el medio ambiente y que es más acusado entre los jóvenes, que serán los ciudadanos y ciudadanas del mañana.

Con cierta frecuencia las informaciones y los estudios sobre ecología levantan grandes polémicas y van acompañados de cifras contradictorias, como resultado quizás de lo recientes y poco contrastados que están algunos datos, y como reflejo, también, de los grandes intereses económicos que están en juego en muchas de las decisiones. Pensemos, por poner tan solo dos ejemplos, en la gran cantidad de dinero que mueve la utilización pacífica de la energía nuclear, con la construcción de centrales nucleares; o los estudios de impacto ambiental y las consecuentes obras para preservarlo en la construcción de vías de comunicación (carreteras, ferrocarriles, etc.).

La lectura crítica de las cifras y de las consecuencias requiere un cierto entrenamiento y una práctica,que parece conveniente que se inicie en la escuela y en la asignatura de matemáticas. Porque se trata de la única manera de poder tener un criterio propio y razonado ante los grandes retos medioambientales que se van a vivir en el futuro.

Se pueden elegir distintos temas para ejemplificar las posibilidades de actuación en este campo. En el capítulo 7 hemos hablado de los embotellamientos de tráfico propios de las ciudades y también de las soluciones que representa (tanto para los atascos como para la contaminación) la utilización de transportes públicos y/o bicicletas. Ahora nos ocuparemos de dos temas conexos entre sí y de permanente actualidad: en primer lugar, la sequía; y a continuación, las inundaciones que paradójicamente suelen ir unidas a ella en nuestro país (y en general en el entorno mediterráneo).

Algunos cálculos que explican algo sobre las inundaciones

Normalmente en otoño suele haber grandes inundaciones en las regiones próximas al Mediterráneo. Incluso se han dispuesto planes para prevenir los efectos de las tristemente famosas gotas frías. A continuación vamos a proponer algunas actividades relacionadas con esas incidencias meteorológicas, y las consecuencias que conllevan. Después veremos las respuestas y haremos algunos comentarios al respecto.

Un buen chaparrón y sus consecuencias

En una ciudad de la costa ha caído un buen chaparrón, una tromba de agua. Según los periódicos, se recogieron en muy poco rato 150 litros de agua por metro cuadrado, lo cual dio lugar a inundaciones en algunos barrios que incluso llegaron a cubrir algunos coches y a provocar el derrumbamiento de algunas casas, así como desgracias personales (hay varios heridos y se sospecha que puede haber algún desaparecido).

En las cuestiones que vienen a continuación[1] vamos a suponer que han caído 150 litros de agua por metro cuadrado de forma uniforme en toda la zona que vamos a considerar (en la realidad no suele ser así, pero nos va a facilitar enormemente los cálculos sin falsear excesivamente los resultados). Habrá que hacer unos cuantos cálculos y refrescar algunas definiciones y equivalencias de unidades del sistema métrico decimal; concretamente, dos muy sencillas: un litro es lo mismo que un decímetro cúbico y el peso de un litro de agua es un kilo.

1. Es una versión ligeramente modificada de la que publiqué en la sección "Los tres pies del gato" del suplemento escolar del periódico *Heraldo de Aragón* de Zaragoza de 22/11/1989.

1. Supongamos que hay un edificio de 200 metros cuadrados de superficie que tiene en la parte superior una azotea. ¿Qué cantidad de agua ha caído sobre la azotea? ¿Cuál es el peso de toda esa cantidad de agua?

2. Como, según la sabiduría popular, las desgracias nunca vienen solas, el desagüe de la azotea está taponado (como consecuencia, quizá, de la larga sequía anterior), con lo que el agua se ha quedado estancada. Teniendo en cuenta que la azotea tiene un reborde suficientemente alto como para que el agua no se desborde, ¿hasta qué altura habrá llegado el agua? ¿Esa altura será la misma que la del agua que han recogido los pluviómetros (es decir, los aparatos que se usan para medir la cantidad de agua que ha caído)?

3. Una vez que hayas contestado la pregunta anterior, te será muy fácil resolver la cuestión siguiente. Si conocemos la altura que ha alcanzado el agua en el pluviómetro (supongamos que es de L cm), ¿qué cantidad de litros por metro cuadrado han caído?

4. Imaginemos ahora que la zona en la que han caído 150 litros por metro cuadrado es un cuadrado de 200 metros de largo (o si prefieres que no sea tan regular, con una superficie de 40.000 m^2, que es la misma que la del cuadrado que te proponemos). ¿Qué cantidad total de agua ha caído? ¿Cuánto pesa? Si se embalsara toda esa agua un estanque cuadrado de 50 metros de lado, ¿cuánto aumentaría el nivel de las aguas?

5. Supongamos que todo el volumen de agua de la pregunta anterior se desagua por una cloaca cuadrada de un metro de lado, en la que la velocidad de la corriente es de 2 metros por segundo. ¿Cuánto tiempo tardará en desaparecer el agua?

Utiliza en todas las respuestas las unidades adecuadas para que las cifras resultantes no sean ni demasiado grandes ni demasiado pequeñas, sino manejables.

Quizá después de haber realizado todos estos cálculos comprenderás mejor por qué cuando hay una tormenta el agua puede llegar a cubrir coches, árboles o incluso casas.

• *Respuestas y comentarios*

La educación matemática del conjunto de los ciudadanos debería asegurar que les será posible realizar los cálculos anteriores con un mínimo de seguridad en los resultados obtenidos. Sin embargo, la práctica demuestra que en general nuestros alumnos (y sucede lo mismo con los ciudadanos adultos, que ya dejaron el sistema escolar) no tienen mucha soltura y que cometen frecuentes errores, que en algunos casos conducen a resultados francamente disparatados (con errores incluso del orden de miles de veces). Y eso que se trata simplemente de multiplicar o dividir cantidades sencillas.

Seguramente hay que buscar el origen de esos errores en la falta de práctica, sobre todo a la hora de elegir las unidades adecuadas (que no se proporcionan previamente), en la gran cantidad de unidades diferentes que están implicadas y de equivalencias entre las mismas y en la poca experiencia previa en situaciones de ese tipo. Una vía de solución consiste en realizar más actividades de esta clase (quizá no tan largas y complejas como la que aquí proponemos, al menos para empezar), y sobre aspectos de la realidad más cercanos a la experiencia vital de los alumnos.

A continuación, presentamos los cálculos y los resultados.

1. La cantidad de agua es $200\ m^2 * 150\ l/m^2 = 30\ 000$ litros. Su peso será 30 000 kg = 30 toneladas métricas. Es importante destacar que es un peso apreciable, mucho menor por otra parte que el que supondría una piscina en la azotea de la casa, razón por la que son tan poco frecuentes en los edificios. Paralelamente a esta actividad se podría calcular el peso del agua contenida en una piscina (por ejemplo olímpica). Hay que hacer algún cálculo más porque la profundidad no es la misma en todos los puntos de la psicina, y habría que indagar previamente cómo es el perfil de la citada profundidad: es una investigación que pueden hacer los propios alumnos, no tiene por qué ser siempre el profesor quien proporcione la información, puesto que en los problemas de la vida una de las dificultades es precisamente la obtención de los datos. En general, siempre suele haber entre un grupo de alumnos alguien con una relación próxima con el mundo de la natación (incluso puede haber quienes practiquen ese deporte), que está en condiciones de dar informaciones fiables sobre estos temas.

2. La altura a la que llegará el agua será siempre la misma, con independencia del recipiente sobre el que caiga (siempre que su fondo sea plano y se encuentre en posición horizontal); por lo tanto será la misma en la terraza y en el pluviómetro. Vamos a calcular cuál es la altura en el caso que nos ocupa, de una lluvia de $150\ l/m^2$. Eso quiere decir que el volumen que ha caído en una superficie de

un metro cuadrado es de 150 decímetros cúbicos (que es el equivalente de litros) y por tanto ese volumen es igual al producto del área de la base (el m2) por la altura, llamémosla h. Se tiene, pues, que $150\ dm^3 = 1\ m^2 * h\ dm$. Pero si queremos obtener correctamente h tendremos que poner también la superficie en decímetros cuadrados, y puesto que $1\ m^2 = 100\ dm^2$, será $150\ dm^3 = 100\ dm^2 * h\ dm$, de donde $h = 150/100\ dm = 1{,}5\ dm = 15$ centímetros.

Es importante destacar la necesidad de usar las unidades apropiadas (siempre las mismas), porque si no se puede obtener el resultado anterior multiplicado o dividido por cualquier potencia de diez. Y sería interesante hacer una puesta en común de todos los resultados que han obtenido los alumnos del grupo para comprobar que esto es lo que realmente ocurre y buscar la fuente de los errores. Pero no hay que sacar en conclusión que necesariamente hay que expresar el resultado en dm, ya que se puede utilizar cualquier otra unidad, pero siempre la misma. Por ejemplo, en metros sería: 0.150 m3 = 1 m^2 * h m. De donde h = 0.15 metros = 15 cm. O también en centímetros: 150 000 cm^3 = 10 000 cm^2 * h cm. con lo que h = = 15 cm. Y se puede comprobar que por supuesto el resultado es siempre el mismo.

También es interesante comentar qué representa esa altura: casi un palmo de adulto (con lo que puede llegar a ser un palmo de los alumnos, según su edad). Una cantidad apreciable, incluso teniendo en cuenta que no son muy frecuentes las lluvias de ese calibre. Y, por fin, que ese número en centímetros, 15, es el resultado de dividir 150 l/m^2, la cantidad de lluvia caída, por 10. ¿Es correcto suponer que siempre pasa eso? Es una hipótesis cuya comprobación se pide que se haga en general en el apartado siguiente.

3. Si sabemos cómo abordar esta pregunta lo haremos (pero como norma son más complicadas para nuestros alumnos -¡y también para nosotros!- aquellas cuestiones que no tienen datos concretos). Una buena estrategia general en estos casos consiste en dar valores concretos a las magnitudes que se nos dan. Pero no deducir de un sólo caso que eso pasa siempre, sino que estamos ante una hipótesis que hay que comprobar en más casos (para hacerla más fiable o más plausible, utilizando un término más técnico), y si se puede, dar después una razón general.

Puesto que ya antes hemos contestado esta pregunta en un caso particular, con esa respuesta podemos formular una hipótesis e intentar comprobarla en general. Esa hipótesis afirmaba que la altura que alcanzaba el agua (en cm), era la décima parte del número de litros caídos por metro cuadrado. Por consiguiente, como aquí la situación es inversa, nuestra hipótesis sería que si el agua ha llegado en el pluviómetro a una altura de L cm, eso quiere decir que han caído 10L l/m^2.

Veamos que se trata de una hipótesis correcta. En efecto:

Volumen = superficie base * altura = 1 m^2 * L cm = 100 dm^2 * (L/10) dm = (100L/10) dm^3 = 10L dm^3 = 10L litros.

Lo que acabamos de hacer es encontrar un procedimiento para calibrar o graduar un pluviómetro, es decir, para hacer marcas que nos permitan saber, simplemente mirando el nivel alcanzado por el agua, la cantidad de agua que ha caído. Al final de estos comentarios hay algunos otros casos en los que se necesita seguir este mismo proceso en depósitos de formas diferentes.

4. Basta con poner las unidades pertinentes y se obtiene como cantidad C de agua caída:

C = 150 l/m^2 * 40 000 m^2 = 6 000 000 litros;

es decir, 6 millones de litros de agua, cuyo peso será de 6 millones de kilos, o 6 000 toneladas; peso nada despreciable (que sería bueno transformar en la cantidad de piscinas que se llenarían con ella o de camiones cisterna necesarios para transportarla o de cualquier otra que se considere apropiada). Si queremos hacernos una idea de las dimensiones de las unidades de volumen, también podemos transformar esa cantidad de agua en unidades cúbicas. Será:

$$C = 6\,000\,000 \text{ litros} = 6\,000\,000 \text{ dm}^3 = 6\,000 \text{ m}^3 = 6 \text{ Dm}^3$$

O sea que esa gran cantidad de agua no son más que 6 Dm^3 y no pasan de ¡6 milésimas -0.006- de Hm^3! Es bueno ir meditando sobre ello para cuando nos refiramos a la capacidad de los pantanos o a los consumos de agua de las ciudades.

En cuanto a la segunda parte, transcribimos la respuesta de un alumno: "La superficie en la que cae el agua es 16 veces mayor que la que se estanca, por lo tanto la altura será 16 veces mayor", de donde resultan los 2.4 metros (16 * 15 cm) que subirán las aguas del estanque.

Hay que hacer notar que el estanque que se propone en la pregunta es una modelización de una zona baja en la que se embalsan las aguas después de una tormenta, en la que como vemos llegarían las a 2.4 metros de altura, suficientes para cubrir coches y árboles e inundar completamente plantas bajas de casas, que es lo que se suele ver en los reportajes sobre las tormentas. Y que un estanque de dimensiones más razonables (25 metros de lado, por ejemplo) no sería capaz de recoger todo el agua (en el caso anterior, el aumento del nivel sería de 2.4 * 4 = 9.6 metros).

5. La cantidad C de agua que desaparecerá cada segundo será:

$$C = 1 \text{ m} * 1 \text{ m} * 2 \text{ m} = 2 \text{ m}^3$$

Como antes hemos calculado que han caído 6 000 m3 de agua, serán necesarios 3 000 segundos = 50 minutos para que se vaya todo el agua por la cloaca, incluso suponiendo (como hemos hecho con los datos que aportamos, que es de nuevo una modelización de la forma en que el agua desaparece) que la cloaca permite un rápido paso de agua y además de forma continuada.

Problema 1

La graduación de un depósito. Una situación que se da con cierta frecuencia (en depósitos de utilización agrícola -vino, aceite, agua...-, o doméstica -agua, gasóleo para calefacción...-) es la necesidad de tener una graduación que nos permita saber la cantidad de líquido que queda dentro del depósito, no siempre con gran precisión, pero sí para hacernos una idea suficientemente aproximada. Daremos la formulación general del problema y pedimos su solución en tres casos particulares.

- Formulación general: En la cara anterior de un depósito tenemos un nivel que nos permite saber el volumen de líquido que contiene. ¿Cómo graduarlo?
- Formulación equivalente: Graduar una barra para que al introducirla por una obertura superior del depósito nos permita saber la cantidad de líquido que contiene (como se hace, por ejemplo, en los depósitos de las gasolineras).

La repuesta a este problema depende, obviamente, de la forma y las dimensiones del depósito, y viene dada por una relación (una función) entre el volumen contenido y la altura del mismo en el depósito. Pedimos esa relación en tres casos particulares, pero que modelizan los tipos de depósitos más habituales.

• Primer caso: El depósito es un paralelepípedo (con forma de caja de zapatos) con unas dimensiones determinadas; por ejemplo, 2 metros de largo y una sección cuadrada de 1 metro de lado. Queremos divisiones de 100 en 100 litros.

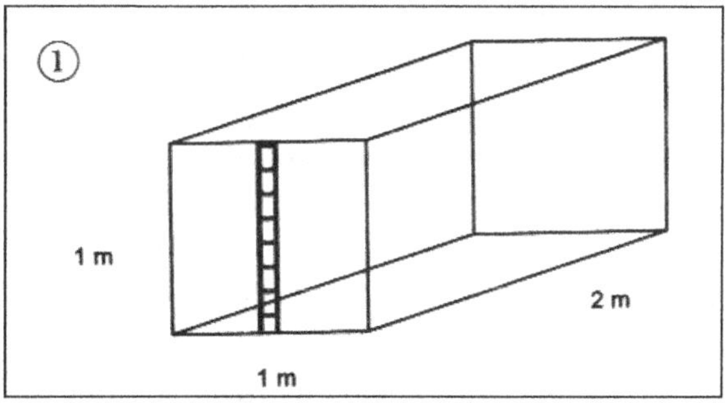

• Segundo caso: La longitud es la misma, y también queremos divisiones de 100 litros, pero varía la sección: ahora es un trapecio cuya forma y dimensiones son las de la figura.

• Tercer caso: Tal vez el más frecuente: un depósito cilíndrico. Tiene 2 metros de largo y 1 metro de diámetro. También queremos que las unidades varíen de 100 en 100 metros.

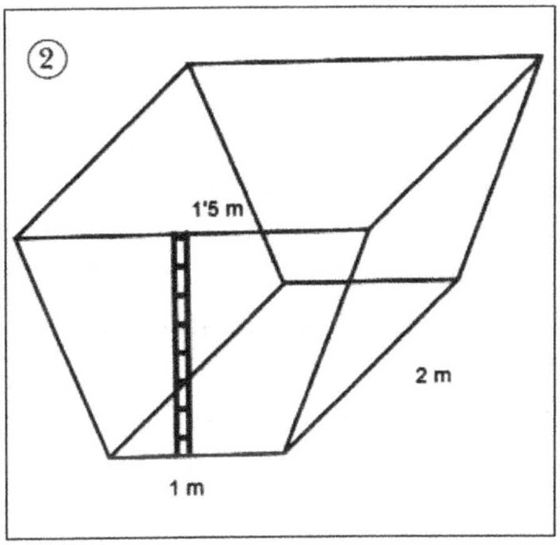

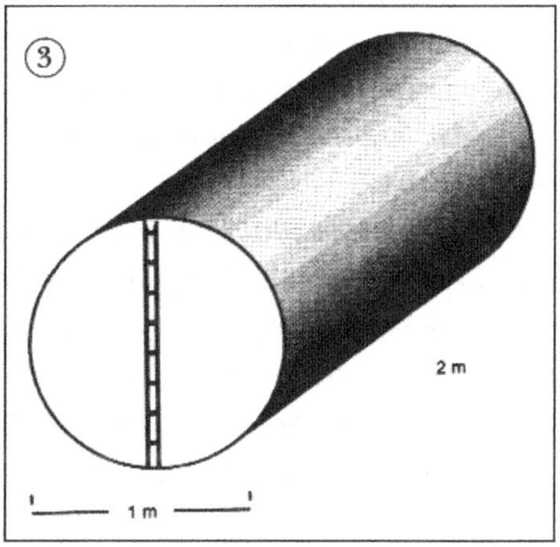

Algunas medidas para ahorrar agua

Existe una creciente toma de conciencia por parte de nuestros alumnos sobre temas relacionados con la ecología. Son muchas las cosas que pueden hacer ellos para colaborar en la conservación del medio ambiente, simplemente poniendo un poco de atención y sin grandes esfuerzos[2]. En ese orden de cosas están una serie de acciones encaminadas al ahorro de agua, necesidad agobiente en nuestro país, azotado por una sequía persistente y que sin embargo arroja uno de los mayores consumos de agua potable por habitante de todo el mundo. Además hay quien dice que es inútil ahorrar agua porque no se pierde, sino que luego vuelve a utilizarse. Pero hay que tener en cuenta que como mínimo se gasta energía y esfuerzos en la depuración para nuevos usos, de manera que conviene poner el mayor cuidado en utilizar simplemente el agua imprescindible.

A continuación presentamos una actividad propuesta a alumnos zaragozanos tomando como origen un artículo del periódico El País de Madrid, de fecha 17 de enero de 1993, pero cuyos datos y recomendaciones (tomados de una serie de publicaciones) son de permanente actualidad. El artículo, firmado por R.R., llevaba por título "No se queje, coopere. Consejos para ahorrar agua en casa" y lo transcribimos a continuación.

«- *Lo primero*: no deje abiertos los grifos sin ton ni son: cada minuto supone un gasto de entre 5 y 7 litros.

- *Es preferible ducharse* a bañarse. Mientras que para llenar una bañera se necesitan entre 200 y 300 litros, una ducha de cinco minutos consume menos de 40. Si decide bañarse, no hace falta llenar la bañera a tope, con dejarla a la mitad vale.

- *Si se ducha*, cierre el grifo mientras se enjabona el cuerpo. Puede ahorrar hasta 15 litros.

- Hay cabezales de ducha de bajo consumo. Pregunte por ellos en las tiendas. Coloque, además, difusores en los grifos.

- *Mientras se limpia* los dientes, cierre el grifo. Evitará un gasto innecesario de unos 10 litros.

- *Al lavarse o afeitarse*, ponga el tapón en el lavabo. Afeitarse con el grifo abierto gasta unos 40 litros de agua; si cierra el lavabo pueden ser unos 10 litros.

- *No utilice el retrete* como cubo de la basura, evitará andar tirando de la cadena por cualquier cosa. Cada vez que lo hace se escapan entre 6 y 10 litros.

- *Reduzca el volumen* de agua de la cisterna colocando una o dos botellas llenas de agua (para que no floten y estropeen los mecanismos) en su interior.

---

2. Puede verse el interesante folleto "50 cosas sencillas que tú puedes hacer para salvar la Tierra", de Earthworks Group, publicado y distribuido por *La Caixa*.

- *Llame al fontanero* en cuanto vea que gotean los grifos o la cisterna. 10 gotas de agua por minuto son 2 000 litros al año.

- *Rentabilice el uso* de los electrodomésticos: procure que el lavavajillas y la lavadora estén razonablemente llenos antes de enchufarlos. Cada lavado del lavavajillas consume unos 50 litros. La lavadora, entre 120 y 200.

- *Al fregar los platos*, llene el fregadero, poniendo el tapón. Ahorrará hasta 50 litros por lavado.

- *No es necesario lavar* el coche más de una vez al mes; mejor, siempre que sea posible, con cubo que con manguera o túnel de lavado. La manguera supone hasta 500 litros.

- *Buena parte de las aguas* de uso doméstico, las de cocinar verdura por ejemplo, sirven para regar macetas. Aprovéchelas.

- *Avise inmediatamente* a los servicios municipales de cualquier fuga que vea en la red de conducción de agua.

Los ahorros pueden parecer nimios. No es verdad. Multiplique y verá. Un ejemplo: sólo la medida de cerrar el grifo mientras se cepilla los dientes puede suponer un gasto de 60 millones de litros por día en Madrid.»

Hasta aquí el artículo, acompañado de mapas sobre pantanos en España en los que se leía, entre otras cosas, que el volumen total de las presas en construcción era de 4 886,92 Hm^3.

La sequía y el ahorro de agua

1. Haz una estimación de la corrección de las cifras que aparecen en los consejos para ahorrar agua del artículo anterior. En particular fíjate en lo que ocurre si un grifo gotea. Describe los procedimientos que utilizarías para poder contrastar los valores.

2. El artículo es del periódico *El País* de Madrid, y por consiguiente hace cálculos sobre lo que pasa en Madrid. Haz los cálculos de lo que supondría la puesta en práctica de cada una de esas medidas en tu localidad.

3. Haz un cálculo del consumo de agua para uso doméstico en tu pueblo o ciudad. Detalla las condiciones que asignas a cada una de las funciones (bebida, aseo personal, riego, lavado de ropa o de los utensilios de cocina...). Después, intenta contrastarlo con los datos reales (preguntando en periódicos, en el ayuntamiento o donde consideres oportuno). Ten en cuenta que en cualquier ciudad hay también consumo de agua en las industrias, en la limpieza de las calles, en el riego de los jardines, en edificios públicos (como centros de enseñanza, hospitales, bibliotecas...), etc. Por ello el consumo real de agua es mucho mayor que el que corresponde a los domicilios particulares.

4. Al final del artículo se da un dato sobre las presas (pantanos) en construcción en nuestro país. La cifra que aparece es enorme (miles de hectómetros cúbicos). Haz las transformaciones que creas convenientes para pode entender a qué equivalen esas cantidades (cuántas ciudades o familias podrían abastecerse de agua con ellas, por ejemplo).

• *Comentarios*

En este caso, como en muchos otros que se presentan al leer los periódicos (pero también otros medios de comunicación o en libros sobre temas ambientales e incluso en los de texto), aparecen una serie de datos cuya pertinencia no siempre estamos en condiciones de asegurar. Pero se suelen aceptar como plausibles, aceptables, en general, sin mayor análisis, salvo que haya alguno de ellos que nos llame la atención por algún motivo. Eso fue lo que pasó, en el caso del artículo anterior, con el hecho a primera vista sorprendente de que un grifo goteando deje perder 2 000 litros de agua en un año.

Después veremos cómo pueden hacerse las comprobaciones oportunas, pero hay que destacar que buena parte de los problemas de la vida real en que hay que utilizar matemáticas requieren algo más general todavía: la obtención de los datos que caractericen el problema. En los problemas escolares se proporcionan todos los datos y además únicamente los que hacen falta, ni uno más ni uno menos (de donde aparece el síndrome tan extendido entre nuestros alumnos de pensar que si se ha resuelto un problema sin utilizar todos los datos está mal hecho..., y la mayoría de las veces aciertan). La labor a desarrollar se limita a hacer operaciones (más o menos complicadas según el nivel de enseñanza) con los datos que se daban para obtener el resultado.

De este modo se impide que los alumnos realicen la fase más rica de un problema, la más complicada pero también la más creativa: la localización del problema y su modelización, la transformación en un problema parecido que entre dentro de los tipos que conocemos o podemos abordar, a partir de la cual intentamos resolverlo. Así robamos también a los estudiantes la utilización de una cualidad que parece ausente en la asignatura de matemáticas: la imaginación (que siempre se cita como algo deseable en el buen cultivador de las matemáticas y que incluso aparece en los títulos de obras clásicas de divulgación matemática). Con la mayoría de la práctica que se hace en las matemáticas escolares se llega a la conclusión de que para avanzar con éxito en la materia son necesarias otras virtudes (memoria, concisión y precisión en la expresión, rapidez de cálculo...), pero que más vale dejar aparcada la imaginación a la puerta del aula, a la espera de que se necesite en otras asignaturas. Se pierde así toda una gama de potencialidades y muchos de los mas fecundos talentos para las matemáticas.

Por fijarnos en el tema que trata nuestra actividad, un planteamiento general del problema sería: "qué medidas tomar para ahorrar la mayor cantidad de agua con la menor molestia posible para los usuarios, junto con alguna evaluación del ahorro efectivo de agua que se conseguiría". Formulación que parece llevar, visto desde una mentalidad estrecha, a un problema clásico de máximos y mínimos. Topamos con el grave inconveniente de la dificultad para poder precisar (y hacerlo de forma numérica) las molestias. Y también con el hecho de que no todo el mundo va a aceptar de las misma forma todas las medidas. Y que una misma renuncia, según como se presente (o como se venda) puede ser más o menos aceptada. En todo este proceso es necesaria, por tanto, una gran imaginación en la formulación de la propuesta (para hacerla atractiva y poco gravosa) y en las maneras de llevarla a la práctica, de modo que sea de aplicación sencilla (por ejemplo, la de colocar botellas llenas de agua - o mejor botes de vidrio menos altos pero del mismo volumen- en el depósito del WC para disminuir el volumen de agua que cae cada vez). Y a la vez hay que ser preciso en la evaluación de los ahorros para no caer en el desprestigio de proporcionar cifras (aunque sea una sola) que no corresponden en absoluto a la realidad, y que pueden invalidar todo el proceso.

Pero en el caso que nos ocupa ya hay una serie de datos ofrecidos, obtenidos de diferentes publicaciones sobre temas ecológicos. Y se trata de contrastar su validez y de evaluar el ahorro que supondría en una determinada ciudad (con un tamaño medio y un número determinado de habitantes). ¿Cómo hacer ese contraste? Por supuesto que no todos los grifos dejan pasar la misma cantidad de agua por minuto, ni en todas las casas hay la misma presión de agua, ni todas las duchas son iguales. Por tanto, una primera constatación nos lleva a afirmar que es un problema que solamente podremos contestar de una manera estadística, mediante la media de varios datos. Por ello, lo mejor que puede hacerse (incluso respecto a la facilidad en el trabajo) es contestar a la actividad en grupo, realizarla entre varios compañeros.

Además hay que utilizar métodos adecuados, algo a lo que no están acostumbrados los alumnos, al menos en clase de matemáticas. Por ejemplo, y refiriéndonos a cómo saber el ahorro obtenido al cerrar el grifo mientras se lavan los dientes, parece lógico pensar que se debe utilizar un procedimiento similar al siguiente: "abrir el grifo, poner un vaso y medir el tiempo que se tarda en llenar; a continuación medir el tiempo que se tarda en lavarse los dientes, dividirlo por el anterior y multiplicar por el volumen del vaso, y tendremos la cantidad de agua que hemos gastado". Sin embargo, comentando con alumnos que tenían que realizar esta actividad, en ningún caso, para sorpresa inicial por nuestra parte, se referían a nada similar. En cambio decían que pondrían el tapón en el lavabo y una vez finalizada la limpieza de dientes sacarían el agua y la medirían. Ante la objeción de que tal vez la operación llevaría bastante rato y el agua podía salirse, no se reconvierten a una opción como la propuesta, sino que (y como norma general) dicen que harán lo mismo (poner el tapón, medir al final, etc.)... ¡en la bañera! Después de la sorpresa e incluso de la risa provocada, y visto que diferentes alumnos coinciden en la respuesta, hay que reflexionar. Y se llega a la conclusión de que el proceso de toma de datos y la utilización en el mismo de mecanismos matemáticos (en este caso de una sencilla proporción o regla de tres, uno de los pocos procedimientos matemáticos, por otra parte, que los alumnos y los ciudadanos en general tienen asumidos) es totalmente ajeno a su universo mental, sin duda por que nunca (o muy raramente) lo han hecho. Y que, por tanto, hay que tomarlo en serio, y realizarlo varias veces para poder interiorizarlo.

También durante la resolución de esta actividad por parte de los alumnos han surgido grandes dificultades en la obtención de datos de organismos oficiales (el ayuntamiento, en este caso) sobre el consumo de agua. Parece como si los organismos públicos fueran celosos guardianes, con un secretismo exagerado, de conocimientos de uso público. Es un inconveniente que hay que conocer y que lleva a la necesidad de utilizar alguna estrategia adecuada (proporcionar los datos, indicar el camino adecuado a seguir...), salvo que se quiera alcanzar otro fin no matemático, pero muy interesante, como es empezar a conocer el funcionamiento de las administraciones públicas y las dificultades para un recorrido no muy problemático por sus vericuetos.

Finalmente, queda decir que una actividad de esta envergadura, con tantos apartado en muchos de los cuales hay que tomar decisiones sobre consumos o número de veces que se realiza una determinada actividad (como lavar el coche o utilizar la lavadora), o el número de unidades familiares que existe en una ciudad, es de difícil realización por la complejidad de cálculos (la mayoría de potencias de 10, pero en los cuales los ceros, como los árboles del bosque, acaban por impedir ver el resultado, tal vez por la falta de entrenamiento). Y eso para alumnos relativamente mayores (15–16 años), salvo que haya una larga historia anterior de trabajos más sencillos. Por eso es importante hacer antes otros trabajos más simples (que pueden ser alguno de los apartados que proponemos), tras los cuales quizá se pueda abordar el que presentamos.

No hacemos los cálculos correspondientes, porque no consideramos que sea de gran interés leerlos. Dejamos así, en cambio, abierta la posibilidad de que se realicen efectivamente y se confronte la pertinencia de los datos, y la importancia que tendrían los ahorros obtenidos.

Esta misma actividad se puede ampliar, en el caso de que sea una zona de agricultura de regadío, para las disponibilidades de agua para regadío según los diferentes cultivos y las necesidades de cada uno de ellos.

Lluvias torrenciales

En el trágico ciclo de sequías veraniegas, juntamente con los incendios forestales, y lluvias torrenciales en otoño, parece que se pueden superar todos los récords. Para poder hacerse una idea aproximada de las cantidades de agua que representan proponemos la actividad siguiente, a partir de informaciones aparecidas en los periódicos en octubre de 1994. En concreto las que entrecomillamos pertenecen a *El País* del 11/10/94.

1. Según las informaciones de los periódicos, cayeron 400 litros por metro cuadrado en Alforja (Tarragona) en dos horas. En cualquier estanque, sin tener en cuenta las posibles aguas que vengan por arrastre, sino solamente por la acción de la lluvia que ha caído encima, ¿cuánto ha aumentado en ese tiempo el nivel de las aguas?

2. Sobre la situación de los embalses tras las lluvias leemos en El País que "los pantanos pequeños y medianos pasaron en 24 horas de estar prácticamente vacíos por más de un año de severa sequía a llenos a rebosar. Fuera de lo común es lo sucedido en el pantano de Siurana (Tarragona), que lo máximo que había recibido en su historia eran dos hectómetros cúbicos en un día y ayer recibió 12 en menos de 10 horas. Fue necesario abrir las compuertas porque el pantano estaba lleno y seguía llegando agua". Si suponemos que cada persona gasta en media entre todos los usos del agua unos 400 litros diarios, ¿a qué población se podrá abastecer con esos 12 hectómetros cúbicos durante un año?

3. En otros pantanos ocurría lo mismo que en el de la actividad anterior. Por ejemplo, en el de Foix (Barcelona), "unos 300 metros cúbicos por segundo se escapaban del embalse por los aliviaderos". Si se usara esa cantidad de agua para llenar una piscina olímpica, ¿cuánto tiempo tardaríamos en tenerla completamente llena? (si no sabes las dimensiones de una piscina olímpica puedes hacer las estimaciones que consideres oportunas).

• *Soluciones y comentarios*

Esta actividad es en parte redundante respecto a las dos anteriores. Pero tiene la ventaja de que es más corta y con menos datos, lo que permite acabarla con relativa rapidez. Es muy instructiva por las grandísimas diferencias en los resultados que obtienen los alumnos[3], y que tiene que servir, si se ponen en común tras

---

3. Realizada con un grupo de alumnos de unos 15 años, se dieron soluciones que iban desde 8.2 (obviando incluso la imposibilidad de tener una cantidad no entera de seres humanos) hasta decenas de millones de personas. Por supuesto todos los alumnos utilizaron sus calculadoras, lo que no limitó los errores.

realizar la actividad, para concienciarles sobre la necesidad del cuidado en los cálculos. Y también sobre la conveniencia de una utilización consciente de la calculadora, y de la notación potencial.

Puesto que ya hemos hecho todo tipo de comentarios sobre diferentes aspectos en los apartados anteriores, no los repetiremos aquí. Y tampoco rehacemos los cálculos, que dejamos al cuidado del lector.

9. SOLUCIONES DE LOS PROBLEMAS

Capítulo 1

Problema 1

Sea un número cualquiera de tres cifras abc, con a>c. Vamos a realizar las operaciones que plantea el problema y veremos que el resultado es siempre 1 089. En efecto, restamos primero:

$$\begin{array}{rccc} & a & b & c \\ - & c & b & a \\ \hline & (a-c-1) & 9 & (10+c-a) \end{array}$$

Para hacer esta resta hay que recordar que c es menor que a y que por tanto hay que sumar 10 a c para poder restar (eso en la primera cifra de la derecha), y que como llevamos una de la resta de la segunda cifra, la de la izquierda será (a-c-1). ¡Quizá despues de hacer esta resta se entiendan un poco mejor los problemas de los alumnos cuando aprenden la resta llevando! Tendremos oportunidad de verlo con detalle más adelante, en concreto en el apartado 5 del capítulo 4. Allí remitimos al lector.

Ahora tenemos que invertir este resultado y sumarlo con él. Se tiene:

$$\begin{array}{rccc} & (a-c-1) & 9 & (10+c-a) \\ + & (10+c-a) & 9 & (a-c-1) \\ \hline & 10 & 8 & 9 \end{array}$$

donde el 9 de la cifra de la derecha es (10+c–a)+(a–c–1) y el 10 de la izquierda es (a–c–1)+(10+c–a)+1, siendo este 1 el que llevamos de la suma de 9+9. Como vemos, sea cual sea abc el resultado es siempre 1 089.

Problema 2

Si multiplicamos 7 por 11 y por 13 obtenemos 1 001, y ahí está la clave del enigma. En efecto, un número como 475 475 se puede escribir de la siguiente forma:

475 475 = 475 000 + 475 = 475*1000 + 475 =
= 475* (1 000+1) = 475*1 001 = 475*7*11*13

Luego si dividimos 475 475 por 1 001 (o lo que es igual, sucesivamente por 7, 11 y 13) siempre nos dará exacto y el resultado final será 475.

Si en vez de 475 se toma otro número cualquiera de tres cifras abc, como también abc abc = abc 000 + abc = 1 001*abc, se obtendrá como resultado final de la división abc.

Problema 3

Aunque parece que tiene que ver con el sistema de numeración de base 60 (ya que 360 es un múltiplo de 60), no es así. La causa es la duración del año, que es aproximadamente de 360 días, y eran los días que los babilonios creían que duraba. Por eso, cada día la variación del sol respecto a la tierra sería de 1/360 de una circunferencia, es decir, de 1 grado. De ahí la unidad elegida.

Problema 4

Haciendo las operaciones correspondientes se obtiene (donde los números que no tienen subíndice están escritos en base 10):

1 3546 = 358; 4 6347 = 1 291; 1 010 0112 = 83; 56 3708 = 23 800

El otro número del que se propone cambiar de base, el 35324 no existe, puesto que en el sistema de numeración de base 4 la cifra 5 no existe, solo hay cuatro cifras: 0,1,2 y 3.

Problema 5

Se obtiene: 367 = 2 432_5; 2 061 = 6 0037; 3 40_7 = 110 101 001 111_2; 234 = = 32 22_4; 131 = ab_{12}, donde a es el símbolo de 10 y b el de 11 (que, como se ve, se necesitan en un sistema de base 12). Es de destacar la extraordinaria longitud de los números escritos en base 2.

Problema 6

Es la base 7.

A continuación presentamos las tablas de sumar y multiplicar en base 2, que en el texto se dejan al lector.

+	0	1
0	0	1
1	1	10

*	0	1
0	0	0
1	1	1

Capítulo 2

Problema 1

Si el comerciante B compra una determinada cantidad C al año, puesto que le añade el 25% por ciento, gana 0.25*C, y lo que importa lo que vende en un año es P = C + 0.25*C = 1.25*C. Esta cantidad es mayor que C.

El comerciante A gana el 25% de lo que vende, que si es igual que el B, será P. Es decir que A gana 0.25*P. Y como P es mayor que C, resulta que gana más que B.

Otra manera más sencilla de verlo es que, como el 25% de una cantidad es la cuarta parte de la misma y los dos comerciantes venden lo mismo, el A gana la cuarta parte de lo que vendió, mientras que el B gana la cuarta parte de lo que le costó, que es menos que el precio por el que lo vendió.

Problema 2

Vamos a comprobar que el resultado es siempre el mismo. Si a una cantidad C le sumamos el 15% nos queda: C + 0.15*C = 1.15*C.

Si le restamos ahora el 20% nos queda el 80%, es decir que es lo mismo que multiplicar la cantidad por 0.8.

Tenemos pues como resultado final F_1 en el primer caso:

$F_1 = 0.8*(1.15*C) = 0.92*C$.

Lo que nos quedará en el segundo caso, F_2, razonando de la misma forma, será: $F_2 = 1.15*(0.8*C) = 0.92*C$

Como vemos en ambos casos el resultado es el mismo: el 92% de la cantidad original. El resultado también coincide si en vez del 15% y el 20% se toman otros dos porcentajes, como se puede probar con un razonamiento del mismo tipo.

Problema 3

La cantidad C de producto en disolución que hay en V litros al m% es: $C = (m/100)*V$.

Llamemos x a la cantidad de agua que tenemos que añadir para rebajar la concentración al n%, con lo que tendremos un volumen total V+x. De manera que ahora será la misma cantidad de producto la que cumpla que: $C = (n/100)*(V+x)$.

Y como esas cantidades son iguales, igualando las expresiones, haciendo operaciones y simplificando, nos queda que: $x = V*(m-n)/n$.

Sustituyendo en esta fórmula, encontramos con facilidad los valores de los ejemplos del texto. Por ejemplo, si tenemos V = 100 litros al m = 10% y queremos pasar al n = 5% necesitaremos la cantidad x de agua siguiente: $x = 100*(10-5)/5 = 100$ que, por supuesto, es la misma que ya habíamos hallado.Y de la misma forma se pueden calcular los otros casos.

Problema 4

Si trazamos un triángulo rectángulo uno de cuyos ángulos es de 30º, el otro es de 60º. Por eso uniendo dos de esos triángulos se obtiene un triángulo equilátero. Eso quiere decir que si el lado de ese triángulo equilátero (que es la hipotenusa del triángulo rectángulo original) es 1, el cateto opuesto al ángulo de 30º es 1/2. Y aplicando el Teorema de Pitágoras se obtiene que el otro cateto es $\sqrt{3}/2$ (es conveniente hacerse una figura para verlo mejor).

Por eso es la pendiente del ángulo de 30º es $1/\sqrt{3} = \sqrt{3}/3$ (aproximadamente 0.577) y la pendiente del ángulo de 60º es $\sqrt{3}$ (aproximadamente 1.732).

Problema 5

Sí, al aumentar el ángulo aumenta la pendiente. Se puede ver manteniendo fijo el cateto CA del triángulo de la figura 2.2, al aumentar el ángulo C también se hace mayor el cateto AB, luego el cociente entre AB, que crece al hacerlo el ángulo, y CA, que es constante, (que es la tangente o pendiente) también aumenta.

Pero el aumento no es proporcional. Baste como ejemplo el caso del problema anterior: el ángulo de 60º es doble del de 30º, y sin embargo su pendiente no es doble. A pesar de que se suele pensar que la regla de tres funciona casi siempre no hay que generalizar alegremente. Es uno de los muchos ejemplos en que no nos vale.

Capítulo 4

Problema 1

Hay que distinguir los casos en los que el número de cifras sea par o impar (como hemos visto en la discusión anterior). Y con facilidad se obtiene para el número de capicuás de n cifras la expresión que aparece a continuación:

n par	$9.\ 10^{(n/2)-1}$
n impar	$9.\ 10^{(n-1)/2}$

Si te apetece, puedes intentar encontrar una expresión también para el número total de capicúas cuyo número de cifras sea menor o igual que n (que será el término general de la sucesión que aparece en la tercera línea de la tabla bajo el epígrafe de 'Nº total').

Problema 2

Si se intenta obtener la suma de otras formas se observarán muchas otras regularidades de los capicúas que se pueden aprovechar para sumarlos (y se tiene que obtener, por supuesto, el mismo resultado en todos los casos), para profundizar en las propiedades de los números, y para familiarizarse con ellos.

Problema 3

Hay muchos casos, pero no se puede hacer un tratamiento sistemático. Por poner un ejemplo, utilizando de nuevo las bases 5 y 10, 88 (en base 10) es 323 (en base 5), que también es capicúa.

Problema 4

Es obvio según la regla de la divisibilidad por 11: un número es divisible por 11 cuando lo es la diferencia entre la suma de las cifras de lugar par y las de lugar impar. En los capicúas con un número par de cifras esas sumas son iguales y por tanto la diferencia es cero, que es múltiplo de 11. Si es de seis cifras, el capicúa será abccba, la suma de ambas es a+b+c. Otro asunto es demostrar la regla de la divisibilidad por 11: invitamos a hacerlo.

Problema 5

Parece muy complicado, es una de esas cuestiones que no hay por dónde cogerlas. Pero a pesar de ello, si se acierta a encontrar la buena vía de pensamiento es muy sencillo.

Vamos a procurar encontrarla. Para que un número sea múltiplo de 6, ha de serlo de 2 y de 3. Si un número es primo no es múltiplo de ningún número, luego tampoco lo será de 2 (salvo el propio 2). Por tanto es impar, y el número que le precede es par y también el que le sigue. Luego como los números anterior y siguiente a un primo son múltiplos de 2, basta pues con que uno de los dos sea múltiplo de 3 para que se cumpla lo que queremos. Pero dados tres números consecutivos uno de ellos es múltiplo de 3. Como el número primo no lo es, tiene que serlo uno de los otros dos; y como tambíen es par será por tanto múltiplo de seis, como queríamos probar.

De esta propiedad general se excluyen dos primos: el 2 y el 3 (en los que el razonamiento anterior no sirve). Por eso si queremos enunciar con toda precisión la propiedad tendríamos que decir que dado un número primo cualquiera mayor que 3, el número anterior o el siguiente es múltiplo de seis.

Problema 6

Se puede intentar probando sin más, pero con algunas reflexiones previas se acorta mucho el trabajo. El único primo de dos cifras iguales es el 11 (porque todos los demás son múltiplos de 11), con lo que A = 1. Hay que probar entonces de los diez números de la forma 1 11C cuál es el que es primo. Se ve con facilidad que sólo ocurre con el 1 117. A partir de ahí, B tiene que ser 9 y D 3. Con eso, los números que nos piden son 11, 919, 9 173 y 1 117.

Problema 7

En cuanto a las preguntas relativas a los números muy compuestos dejamos al lector la posibilidad de contestarlas y de formular e intentar resolver las que le vayan surgiendo en sus investigaciones. Si tiene a bien enviarlas serán bienvenidas.

Capítulo 5

Problema 1

Si la longitud de la cuerda es de 40 cm, los dos lados a y b de cada uno de los rectángulos sumarán la mitad de esa longitud, es decir, 20 cm. O sea que las dimensiones de todos los rectángulos que podamos formar serán, en centímetros, a y (20–a). Por tanto el área S de todos los rectángulos será: $S = a*(20-a) = 20*a - a^2$ para todos los valores de a comprendidos entre 0 y 20.

Esta es una expresión de segundo grado en la variable a, que como se sabe es una parábola invertida (mirando hacia abajo) porque el coeficiente del término de segundo grado (a^2) es –1, que es negativo. El vértice de la parábola, que es el punto más alto, corresponde al valor a = 10, es decir, como ya sabíamos, al cuadrado.

Problema 2

El área del rombo es igual a la longitud del lado (la base del mismo si lo ponemos horizontal) por la altura. Como el lado es constante (y lo podemos tomar como 1) dependerá de la longitud de la altura h. Pero h es igual al lado por el seno del ángulo del rombo (para ver la definición de seno de un ángulo puede verse la nota 2 del capítulo 7).

Por tanto la gráfica del área del rombo es la misma que la del seno de ese ángulo: es una gráfica distinta de la del problema anterior.

Problema 3

Una diagonal de un rombo lo divide en dos triángulos isósceles. Si en cada uno de esos dos triángulos hacemos la altura correspondiente a la diagonal (que es la recta que pasa por el vértice y es perpendicular a la diagonal) también en mediana por ser el triángulo isósceles, luego es una recta perpendicular que pasa por el punto medio de la diagonal. Como eso pasa en los dos triángulos, esa recta es la otra diagonal del rombo, que es por tanto perpendicular a la primera y pasa por su punto medio (para poder comprender mejor este razonamiento sería conveniente hacer una figura; dejamos el trabajo al lector).

Problema 4

Las dos diagonales son iguales en el caso del cuadrado: ese valor es el máximo de la diagonal menor y el mínimo de la diagonal mayor; y miden L*√2. El mínimo de la diagonal menor, que se da cuando el rombo es un doble lado, es cero; entonces la diagonal mayor es máxima, y su longitud es doble del lado. Por tanto, la diagonal menor varía entre 0 y L*√2; la diagonal mayor lo hace entre ese valor, L*√2 y 2*L.

La diferencia entre las dos diagonales variará entre 0, en el caso del cuadrado, y 2*L.

Capítulo 6

Problema 1

Al hallar el punto diametralmente opuesto de uno dado, lo que en el original fuera latitud norte ahora será latitud sur, y la suma de las longitudes (entre este y oeste) será 180º. Por eso el punto diametralmente opuesto de Zaragoza tendrá por coordenadas 41º36'sur y 179ºeste, que son aproximadamente las coordenadas de Wellington.

Todos los puntos que están a la misma distancia de las dos ciudades formarán el círculo máximo perpendicular en el punto medio a la recta imaginaria (diámetro de la tierra) que une Zaragoza y Wellington. O dicho de otra forma, las dos ciudades serán los polos de ese círculo máximo.

Problema 2

La distancia angular a la que estarán los dos aviones será siempre de 30º, pero esa distancia medida en kilómetros es diferente según sea el paralelo sobre el que se encuentren, porque el radio de los paralelos es diferente según su latitud. Así, cuando estén sobre el ecuador, su distancia será la doceava parte de la longitud del ecuador terrestre (puesto que 30/360 = 12), o sea, de unos 3 333 km. En cambio cuando estén a 60ºN (hecho que sucederá dos veces en su vuelta a la tierra) la distancia a la que están los aviones entre sí será la mitad de la anterior, puesto que el radio de ese paralelo es la mitad del de la tierra.

Los aviones cruzan dos veces todos los paralelos. Y coinciden una vez, concretamente al sobrevolar el Polo Sur.

Problema 3

Puede pensarse que la cabeza, tras tanto caminar, ha recorrido mucha más distancia que los pies. Pero vamos a ver que no es así.

La circunferencia que recorre la cabeza tiene un radio igual al de la tierra más dos metros, su altura. Por tanto, si es R el radio de la tierra, la distancia D que ha recorrido es: $D = 2 * \pi * (R+2) = 2 * \pi * R + 2 * \pi * 2$.

Luego lo único que hemos añadido es $2*\pi*2 = 4*\pi$, porque el otro sumando es la longitud del ecuador terrestre. Es decir que esa distancia extra es algo menos de 12.6 metros.

Se puede dar otra versión aún más chocante del mismo problema. Supongamos, en un alarde surrealista, que hemos rodeado la tierra con una cuerda a lo largo de uno de sus círculos máximos. Para eso necesitamos una cuerda de 40 000 km. de largo. Ahora queremos subirla un poco y colocarla formando otra circunferencia pero situada dos metros por encima de la superficie, ¿cuánta cuerda más necesitaremos?. La intuición parece indicarnos con claridad que mucha más, algunos cientos o miles de kilómetros. Sin embargo acabamos de ver que con 13 metros (no kilómetros) más aún nos sobra un trozo. Es un ejemplo más de que la intuición engaña a menudo.

Problema 4

Según hemos visto en el texto, a lo largo de la superficie terrestre, entre un punto y su punto diametralmente opuesto hay infinitas trayectorias de longitud mínima. Y siempre hay una de ellas que pasa por cualquier punto que queramos. Es la situación de nuestro aviador: se dirige a las antípodas de Barcelona y por tanto puede dejar de camino a su acompañante donde quiera, su recorrido será siempre el mismo: la mitad del círculo máximo de la tierra, 20 000 km.

Problema 5

En el Polo Norte. Haz el recorrido que se indica saliendo desde él y verás que efectivamente vuelves al punto de partida (a pesar de que parece que desde cualquier punto que hagas ese trayecto acabas 100 km. al oeste de donde saliste). ¿Habrá otros puntos de partida en los que haciendo algunos recorridos de este tipo se vuelva al punto de partida? Por supuesto, algo parecido pasa en el Polo Sur. ¿Cuál será entonces el recorrido?

Capítulo 7

Problema 1

Ya vimos en el problema 5 del capítulo 2 que no hay una relación lineal entre la medida de los ángulos y el valor de sus tangentes. Para calcular el valor de esos ángulos puedes utilizar directamente la calculadora con la tecla tan, o más concretamente su inversa tan^{-1}. Para tan a = 0.02 nos sale un ángulo de algo menos de 1º 8'. Para tan b = 0.04 el ángulo es de algo más de 2º 17', que es más del doble del anterior. La diferencia en estos ángulos tan pequeños es muy reducida, pero tampoco en ellos es proporcional.

Problema 2

Por cada golpe de pedal recorrerá (59/14)* π *29 en pulgadas, puesto que 29 es el diámetro de la rueda. Para pasar a metros hay que multiplicar el resultado por la longitud de la pulgada, que se puede encontrar en las enciclopedias. A partir de ahí solamente queda hacer algunas multiplicaciones y divisiones. Y finalmente comprobar con los periódicos a ver si nos hemos equivocado nosotros... o ellos, que es lo que suele pasar. Buena prueba de que el error no tiene que ser nuestro a la fuerza es que la información que recogen distintos periódicos no coincide en todos los casos.

Problema 3

Cada uno tendrá que tomar medidas en su bicicleta. De todas formas en una cualquiera sale un desarrollo monstruoso, que por supuesto no se puede mover.

Problema 4

Se tiene la tentación de hacer un razonamiento sencillo y que parece evidente: puesto que la distancia recorrida en cada uno de las cuatro partes es la misma, basta con sumar las velocidades y dividir por cuatro. De ese manera nos saldría como velocidad media (10+5+30+15)/4 = 15 km/h. Ahora podremos comprobar que ese resultado no corresponde a la velocidad real.

Si llamamos L a la longitud de cada uno de los cuatro tramos, el tiempo en horas que invierte en cada uno es: en el primero L/10; en el segundo L/5; en el tercero L/30; y en el cuarto L/15. El tiempo total será: L/10 + L/5 + L/30 + L/15 = = (3L+6L+L+2L)/30 = 12L/30 = 2L/5

Y, puesto que el recorrido total es 4L, la velocidad de todo el trayecto nos queda: v = espacio/tiempo = 4L/(2L/5) = 10 km/h.

Capítulo 8

Problema 1

Hay que hacer una primera consideración sobre la separación entre las marcas que nos señalan la graduación de cada cien litros. En el caso primero será la misma entre todas; en el segundo su separación irá acortándose; y finalmente en el cilíndrico al principio están separadas, luego se aproximan (en la mitad del cilindro, que es donde tiene más anchura) y se separan de nuevo (de manera que la graduación es simétrica con respecto al centro). Esto es lo que sucede en realidad, a pesar de que en las figuras que acompañan al problema aparecen todas las escalas con marcas separadas entre sí a la misma distancia.

Vamos a calcular la distancia entre dos marcas (que dan una diferencia de cien litros) en el primer caso. Dejamos los cálculos en los dos casos restantes para el lector, que se obtienen de una forma similar, aunque un poco más difícil.

El volumen de un paralelepípedo es el producto de sus tres dimensiones. Conocemos ya dos, el ancho 1 metro y el largo 2 metros. Nos falta la altura, que tenemos que calcular y que llamaremos h. Pondremos todas las unidades en decímetros y así el volumen nos resultará en dm3, es decir, en litros. Por tanto será:

100 dm^3 = 10 dm * 20 dm * h dm, de donde se despeja h y resulta: h = = 100/200 dm = 0.5 dm = 5 cm.

Por consiguiente la separación entre las marcas de 100 litros será de 5 cm entre cada marca y la siguiente.

Podría haberse calculado de otra forma. El volumen total V del depósito es:

$V = 1\ m * 1\ m * 2\ m = 2\ m^3 = 2\ 000$ litros.

Y como la anchura en todo el depósito es la misma, para tener un volumen de 100 litros, que es la veinteava parte del volumen total, habrá que dividir la altura, que es 1 metro, por 20. Así se obtiene también la separación anterior de 5 cm.

En el segundo caso, para calcular la altura hay que ver el área de un trapecio cuyas bases van variando al subir a lo largo del depósito. Como el trapecio es mayor cuando aumenta la altura, la separación entre cada dos marcas es menor cada vez al ir alejándose del suelo.

En el depósito cilíndrico hay que calcular para la primera marca el área de un segmento circular y para las siguientes el área de un "trapecio", en el que dos de sus lados son arcos de circunferencia. Tal vez no sea muy interesante calcularlo con gran exactitud, pero se podría intentar, si les interesa a los alumnos de un grupo (o a algunos en concreto), un cálculo aproximado. Sería un buen tema, en ese caso, para la realización de un trabajo de matemáticas. Y se podrían buscar datos (o contrastar los resultados) con las barras de alguna gasolinera a la que se tuviera acceso o con los depósitos de gasóleo de algunas casas unifamiliares. Sería una forma de comprobar que problemas aparentemente muy sencillos no lo son tanto cuando se quieren resolver. Y que en algunos casos puede ser suficiente una solución aproximada (es lo que ocurre con los depósitos domésticos, en los que basta con hacerse una idea del combustible que queda), mientras que en otros (como las gasolineras o depósitos industriales) se necesita mayor precisión, puesto que las divisiones pueden utilizarse como medida en las ventas).

Made in the USA
Monee, IL
18 October 2026

66048457R10096